信息与计算科学专业系列教材

控制论基础

董旺远　何红英　编著

图书在版编目(CIP)数据

控制论基础/董旺远,何红英编著.—武汉:武汉大学出版社,2011.2
信息与计算科学专业系列教材
ISBN 978-7-307-08508-4

Ⅰ.控… Ⅱ.①董… ②何… Ⅲ.自动控制理论—高等学校—教材
Ⅳ.TP13

中国版本图书馆 CIP 数据核字(2011)第 011961 号

责任编辑:顾素萍　　责任校对:黄添生　　版式设计:马　佳

出版发行:**武汉大学出版社**　(430072　武昌　珞珈山)
(电子邮件:cbs22@whu.edu.cn　网址:www.wdp.com.cn)
印刷:湖北金海印务有限公司
开本:720×1000　1/16　印张:7　字数:113 千字　插页:1
版次:2011 年 2 月第 1 版　2011 年 2 月第 1 次印刷
ISBN 978-7-307-08508-4/TP·390　定价:16.00 元

信息与计算科学专业系列教材编委会

WUHAN UNIVERSITY PRESS

武汉大学出版社

出版说明

1998年，教育部颁布了经调整后的高等学校新的专业目录，从1999年秋季开始，各院校开始按新的专业设置进行招生。信息与计算科学专业是在这次调整中设置的，是以信息处理和科学与工程计算为背景的，由信息科学、计算科学、运筹与控制科学等交叉渗透而形成的一个新的理科专业。目前，社会对这方面的人才需求越来越多，开办这个专业的院校也越来越多。因此，系统地出版一套高质量的相关教材是一项当务之急。

由于信息与计算科学专业是一个新设的专业，有关该专业的人才培养模式、培养目标、教学计划、课程体系、教材建设等一系列专业建设问题，各院校目前正在积极地研究和探索之中。为了配合全国各类高校信息与计算科学专业的教学改革和课程建设，推进高校信息与计算科学专业教材的出版工作，在有关专家的倡议和有关部门的大力支持下，我们于2002年组织成立了信息与计算科学专业系列教材编委会，并制定了教材出版规划。

编委会一致认为，规划教材应该能够反映当前教学改革的需要，要有特色和一定的前瞻性。规划的教材由个人申报或有关专家推荐，经编委会认真评审，最后由出版社审定出版。教材的编写力求体现创新精神和教学改革，并且具有深入浅出、可读性强等特点。这一套系列教材不仅适用于信息与计算科学专业的教学，也可以作为其他有关专业的教材和教学参考书，还可供工程技术人员学习参考。

限于我们的水平和经验，这批教材在编审、出版工作中还可能存在不少的缺点和不足，希望使用本系列教材的教师、同学和其他广大读者提出批评和建议。

信息与计算科学专业系列教材编委会

前　言

控制论是由数学家 Wiener（维纳）于 20 世纪 40 年代创立的一门学科。在过去的几十年里，由于思想的独特和应用的广泛，控制论已得到了快速的发展。现在，控制理论已是当代应用数学的一个重要研究领域。

在教育部 2009 年颁布的本科专业教学规范中，控制论基础是信息与计算科学专业的规定课程之一，编写一本合适的教材自然是专业发展的需要。

本书的目的是提供一本简明的、易于接受的介绍控制问题的数学理论教材。在题材上，参阅了国内外同类教材，在此基础上结合编写者本人的理解和教学科研经验写成了此书。本书主要介绍状态空间法，从数学的角度考虑控制问题，以数学的视角来理解控制理论。全书分为 4 章，第一章介绍状态空间法的概念，并简要介绍经典控制论的传递函数表示法及其与状态空间法的关系。第二章主要是 Kalman（卡尔曼）线性系统理论，能控性、能观性是这一章的重点。第三章是系统的稳定性问题。第四章介绍了最优控制理论的初步概念和基本方法。

具有微积分、矩阵论和常微分方程基本知识的读者都可以比较容易地学习本书。

本书是为信息与计算科学专业高年级本科生提供的教材，对相关专业的研究生也可作为教材或教学参考书。

编　者

2010 年 9 月

目　　录

第一章　引言

控制论，又称控制理论，是关于动物和机器中控制和通信的科学. 它研究系统各构成部分之间的信息传递规律和控制规律. 美国数学家 Wiener（维纳）等人在分析通信系统和自动控制系统共同特点的基础上，把这些系统的控制机制与生物机体中的某些控制机制加以类比，于20世纪40年代创立了这门学科. 当时，主要是用调和分析方法(频率法)研究单变量线性定常系统反馈控制的设计原理，Wiener把它建立在统计理论的基础上.

20世纪50年代，由于军事和航天技术的推动，形成了以工程控制为主要对象的工程控制论. 同时也提出了处理多变量控制系统、非线性控制系统和最优调节器设计原理等问题. 现代控制理论逐步地发展起来了.

自动调节原理是用传递函数或脉冲响应函数来描述控制系统的输入-输出关系的，因此，传递函数或脉冲响应函数描述了控制系统的运动规律. 现代控制理论则是在引入状态空间与状态变量概念的基础上，直接用微分方程来描述控制系统的运动规律. 因此，当人们从现代控制理论的观点来研究、设计一个控制系统时，首先必须建立它的数学模型，用严格的数学方法来描述其运动规律. 其次要确定对系统控制的目的和周围环境对系统的影响，同样要用数学的方法来描述控制的准则和对系统的外部干扰. 现代控制理论总是用数学的形式来表述控制原则，这个控制原则又有可能应用到任何一个具体的控制系统中去.

1.1　控制理论的发展

控制理论自形成学科以来，经过了近一个世纪的发展，无论是学科内容、学科特色、适用对象，还是研究成果等方面都达到了前所未有的水平. 理论研究成果和应用研究成果层出不穷，研究成果的应用已扩展到了人类社会活动的各个方面.

控制理论的研究从时间上和内容上可划分为两个阶段：经典控制理论阶段和现代控制理论阶段.

1. 经典控制理论

经典控制理论的研究主要集中在20世纪20年代至60年代，当时由于大工业生产发展的需要与军事技术发展的需要，促进了研究成果快速地应用到社会的发展中.

经典控制理论的研究对象主要是单输入单输出系统(SISO)，使用的数学工具主要是传递函数与频率特性. 根据受控对象的数学模型来设计控制器，使受控系统实现相应的性能指标. 到20世纪中期，经典控制理论的研究已基本成熟，进而在各个领域获得了广泛的应用，如工业、农业、军事、航空、航海、交通、核能利用、导弹制导等领域.

但经典控制理论有许多不足之处，还不能完全解决自动化工程和控制工程中的许多实际问题，这是由于经典控制理论自身的局限性所致.

就数学工具而言，传递函数是线性系统的定常参数模型，不能表现非线性关系，也不能表现时变参数特性，更难以表现对象模型的不确定性. 因此，经典控制理论难以应用于许多复杂系统的控制. 另外，传递函数主要反映的是受控对象的端口关系，难以展现系统内部的结构关系，因此导致控制器的设计仅是基于端口等价之上的，并不是基于系统实际结构的.

2. 现代控制理论

现代控制理论的研究始于20世纪50年代末期. 现代控制理论的研究对象一般考虑多输入多输出系统(MIMO). 由于现代控制理论研究对象的类型涉及面很宽，有线性系统和非线性系统，定常参数系统和时变参数系统，随机控制系统与不确定性系统，等等. 所以，大部分类型的控制都可以纳入现代控制理论研究的范畴.

自20世纪50年代起，现代控制理论的研究成果层出不穷. 在现代控制理论的发展中，Kalman(卡尔曼) 提出了基于状态空间法的系统描述方法，使用状态空间法的系统结构分析方法，如能控性和能观性等，以及应用于随机系统的卡尔曼滤波器. Pontryagin(庞特里亚金) 提出的极大值原理将基于泛函极值的最优问题提高到了一个新的理论高度，有效解决了约束优化控制问题. Bellman(贝尔曼) 提出了动态规划方法，全面、深入地解释了最优化控制问题. 其他成果还有：最佳滤波理论，自适应控制器，预测控制理论，大系统理论，鲁棒控制理论，H_∞ 控制理论等.

现代控制理论研究使用的数学方法主要是基于时域的状态空间法. 由于独立状态对于系统的描述是完全描述，因此不同于传递函数模型，从对象的数学模型描述上确定了系统内部的结构关系，为控制器的设计提供了有效的保证.

本教材基于20世纪后半叶现代控制理论研究来描述，主要介绍一些现代控制理论的基础知识.

例1.1 假设汽车在平直的道路上行驶，位移函数为 $s=s(t)$. 为简单起见，假设汽车只受到加大油门以加速和踩刹车以减速两种因素的控制，空气阻力、路面摩擦力等都忽略不计. 每单位质量受到来自油门和刹车的加速力和减速力分别为 u_1 和 u_2. 记 $x_1=s(t)$，$x_2=\frac{\mathrm{d}s}{\mathrm{d}t}$，则

$$\begin{cases} \frac{\mathrm{d}x_1}{\mathrm{d}t}=x_2, \\ \frac{\mathrm{d}x_2}{\mathrm{d}t}=u_1-u_2, \end{cases} \tag{1.1}$$

或写成矩阵的形式

$$\frac{\mathrm{d}\boldsymbol{x}}{\mathrm{d}t}=\boldsymbol{A}\boldsymbol{x}+\boldsymbol{B}\boldsymbol{u},$$

这里

$$\boldsymbol{x}=\begin{pmatrix} x_1 \\ x_2 \end{pmatrix}, \quad \boldsymbol{u}=\begin{pmatrix} u_1 \\ u_2 \end{pmatrix}, \quad \boldsymbol{A}=\begin{pmatrix} 0 & 1 \\ 0 & 0 \end{pmatrix}, \quad \boldsymbol{B}=\begin{pmatrix} 0 & 0 \\ 1 & -1 \end{pmatrix}.$$

在现代控制理论中，(1.1) 叫做一个**控制系统**，简称**系统**. $\boldsymbol{x}$ 叫做**状态向量**，$\boldsymbol{x}$ 的分量 x_1 和 x_2 叫做**状态变量**，$\boldsymbol{u}$ 叫做**控制向量**或**输入**，$\boldsymbol{u}$ 的分量 u_1 和 u_2 叫做**控制变量**.

在实际问题中，u_1 和 u_2 的值是受到限制的，为了确保乘客的舒适安全，汽车的最大行驶速度也要受到限制.

对于系统(1.1)，首先考虑的问题是如何操控才能使汽车从出发点 x_0 到达指定位置 x_1 的问题. 此外，还可以要求汽车从 $t=0$ 时从停止状态在尽可能短的时间内到达某指定的位置，或要求消耗的燃料最少而到达某指定的位置.

数学上首先考虑的是对于选定的目标能否实现的问题，如果能够实现，则希望找到 u_1 和 u_2 的适当表达式.

当然，模型的复杂性将随考虑因素的增加而增加.

1.2 基本概念

控制系统的状态空间表示的一般形式是

$$\begin{cases}\dfrac{\mathrm{d}\boldsymbol{x}}{\mathrm{d}t}=\boldsymbol{f}(\boldsymbol{x},\boldsymbol{u},t), & (1.2)\\ \boldsymbol{y}=\boldsymbol{g}(\boldsymbol{x},\boldsymbol{u},t), & (1.3)\end{cases}$$

其中 $\boldsymbol{x}=(x_1,x_2,\cdots,x_n)^{\mathrm{T}}$ 是 n 维向量，叫做**状态向量**；$\boldsymbol{u}=(u_1,u_2,\cdots,u_m)^{\mathrm{T}}$ 是 m 维向量，叫做**控制向量**，也称**输入向量**；$\boldsymbol{y}=(y_1,y_2,\cdots,y_r)^{\mathrm{T}}$ 是 r 维向量，叫做**输出向量**. (1.2) 叫做**状态方程**，(1.3) 叫做**输出方程**，或**观测方程**. $\boldsymbol{f}=(f_1,f_2,\cdots,f_n)^{\mathrm{T}}$ 是 n 维向量函数，$\boldsymbol{g}=(g_1,g_2,\cdots,g_r)^{\mathrm{T}}$ 是 r 维向量函数. 这种以一阶微分方程组的方式表示的控制系统叫做**控制系统的状态空间形式**.

当 $\boldsymbol{f}$ 和 $\boldsymbol{g}$ 都是 $\boldsymbol{x}$ 和 $\boldsymbol{u}$ 的线性函数时，称(1.2),(1.3) 是**线性控制系统**，简称**线性系统**，否则称为**非线性系统**. 线性系统的一般形式是

$$\begin{cases}\dfrac{\mathrm{d}\boldsymbol{x}}{\mathrm{d}t}=\boldsymbol{A}(t)\boldsymbol{x}+\boldsymbol{B}(t)\boldsymbol{u}, & (1.4)\\ \boldsymbol{y}=\boldsymbol{C}(t)\boldsymbol{x}+\boldsymbol{D}(t)\boldsymbol{u}, & (1.5)\end{cases}$$

其中 $\boldsymbol{A}(t)$ 是 $n\times n$ 矩阵，叫做**系统矩阵**；$\boldsymbol{B}(t)$ 是 $n\times m$ 矩阵，叫做**控制分布矩阵**或**输入矩阵**；$\boldsymbol{C}(t)$ 是 $r\times n$ 矩阵，叫做**量测矩阵**或**输出矩阵**；$\boldsymbol{D}(t)$ 是 $r\times m$ 矩阵，叫做**前馈矩阵**. 这些矩阵统称为**系统的系数矩阵**，在实际应用中，它们的每个元都是 t 的分段连续函数.

线性控制系统有许多优点，比较容易处理，因此，在工程技术问题中，可以在一定精度范围内用线性模型近似时，往往是尽可能地采用线性模型.

若 $\boldsymbol{A}(t),\boldsymbol{B}(t),\boldsymbol{C}(t),\boldsymbol{D}(t)$ 都是常数矩阵，则(1.4),(1.5) 叫做**定常系统**或**时不变系统**，否则叫做**时变系统**.

在控制系统的状态空间表达式(1.4),(1.5) 中，当 $m=r=1$ 时，系统叫做**单输入单输出系统**(SISO)；当 $m>1$，或(且) $r>1$ 时，系统称为**多输入多输出系统**(MIMO).

1.3 线性控制系统的解

1. 自由系统的解

考虑定常线性系统的初值问题

$$\begin{cases} \dfrac{\mathrm{d}\boldsymbol{x}}{\mathrm{d}t} = \boldsymbol{A}\boldsymbol{x}(t), \\ \boldsymbol{x}(t_0) = \boldsymbol{x}_0, \end{cases} \tag{1.6}$$

这里 $\boldsymbol{x} = (x_1, x_2, \cdots, x_n)^{\mathrm{T}}$ 是 n 维向量，$\boldsymbol{A}$ 是 $n \times n$ 常数矩阵. 如果 $\boldsymbol{A}$ 有 n 个不相同的特征值 $\lambda_1, \lambda_2, \cdots, \lambda_n$，与它们相应的特征向量是 $\boldsymbol{w}_1, \boldsymbol{w}_2, \cdots, \boldsymbol{w}_n$，则 $\boldsymbol{w}_1, \boldsymbol{w}_2, \cdots, \boldsymbol{w}_n$ 必线性无关. 于是，可设(1.6) 的解为

$$\boldsymbol{x}(t) = \sum_{i=1}^{n} c_i \boldsymbol{w}_i, \tag{1.7}$$

这里 $c_i(t)$ 是 t 的函数. 将上式代入(1.6)，得

$$\sum_{i=1}^{n} c_i' \boldsymbol{w}_i = \boldsymbol{A} \sum_{i=1}^{n} c_i \boldsymbol{w}_i = \sum_{i=1}^{n} \lambda_i c_i \boldsymbol{w}_i.$$

由于 $\boldsymbol{w}_1, \boldsymbol{w}_2, \cdots, \boldsymbol{w}_n$ 线性无关，所以

$$c_i' = \lambda_i c_i, \quad i = 1, 2, \cdots, n,$$

这样我们得到

$$c_i(t) = \exp(\lambda_i t) c_i(0), \quad i = 1, 2, \cdots, n.$$

于是

$$\boldsymbol{x}(t) = \sum_{i=1}^{n} c_i(0) \exp(\lambda_i t) \boldsymbol{w}_i. \tag{1.8}$$

注意到如果以 $\boldsymbol{w}_1, \boldsymbol{w}_2, \cdots, \boldsymbol{w}_n$ 为列向量构成的 $n \times n$ 矩阵记为 $\boldsymbol{W}$，则其逆矩阵 $\boldsymbol{W}^{-1}$ 的行向量 $\boldsymbol{v}_1, \boldsymbol{v}_2, \cdots, \boldsymbol{v}_n$ 满足

$$\boldsymbol{v}_i \boldsymbol{A} = \lambda_i \boldsymbol{v}_i, \quad i = 1, 2, \cdots, n,$$

称 $\boldsymbol{v}_i$ 为矩阵 $\boldsymbol{A}$ 的对应于特征值 λ_i 的**左特征向量**，而 $\boldsymbol{w}_i$ 叫做**右特征向量**. 易见

$$\boldsymbol{v}_i \boldsymbol{w}_i = 1,$$
$$\boldsymbol{v}_i \boldsymbol{w}_j = 0, \ i \neq j.$$

以 $\boldsymbol{v}_i$ 左乘(1.8) 并令 $t = 0$，得 $\boldsymbol{v}_i \boldsymbol{x}(0) = c_i(0)$. 因此

$$x(t) = \sum_{i=1}^{n} v_i x(0) \exp(\lambda_i t) w_i.$$

由于上式仅依赖于初值和矩阵 $\boldsymbol{A}$ 的特征值及特征向量，所以叫做**初值问题解的谱形式**(集合 $\{\lambda_i\}$ 叫做矩阵 $\boldsymbol{A}$ 的谱).

需要说明的是，尽管上式给出的是 $\boldsymbol{A}$ 具有 n 个不相同的特征值时初值问题(1.6)的解，但仍有重要的应用价值. 因为实际问题建立如(1.6)所示的模型时，即使 $\boldsymbol{A}$ 有重特征值，由于测量的误差也往往导致得到的实际模型没有重特征值.

在一般情况下，线性时变系统初值问题

$$\begin{cases} \dfrac{\mathrm{d}\boldsymbol{x}}{\mathrm{d}t} = \boldsymbol{A}(t)\boldsymbol{x}(t) + \boldsymbol{f}(t), \\ \boldsymbol{x}(t_0) = \boldsymbol{x}_0 \end{cases} \tag{1.9}$$

的解为

$$\boldsymbol{x}(t) = \boldsymbol{\Phi}(t,t_0)\boldsymbol{x}_0 + \int_{t_0}^{t} \boldsymbol{\Phi}(t,\tau)\boldsymbol{f}(\tau)\mathrm{d}\tau, \tag{1.10}$$

其中 $\boldsymbol{\Phi}(t,t_0)$ 是(1.9)的状态转移矩阵. **状态转移矩阵** $\boldsymbol{\Phi}(t,t_0)$ 是下列矩阵微分方程的初值问题的解：

$$\begin{cases} \dfrac{\mathrm{d}}{\mathrm{d}t}\boldsymbol{\Phi}(t,t_0) = \boldsymbol{A}(t)\boldsymbol{\Phi}(t,t_0), \\ \boldsymbol{\Phi}(t_0,t_0) = \boldsymbol{I}. \end{cases} \tag{1.11}$$

状态转移矩阵 $\boldsymbol{\Phi}(t,t_0)$ 具有下列性质：

(1) **可分离性** 设 $\boldsymbol{\Phi}(t)$ 是与(1.9)对应的齐次方程

$$\frac{\mathrm{d}\boldsymbol{x}}{\mathrm{d}t} = \boldsymbol{A}(t)\boldsymbol{x} \tag{1.12}$$

的一个基本解，即 $\boldsymbol{\Phi}(t)$ 是由(1.12)的 n 个线性无关解向量构成的矩阵，则

$$\boldsymbol{\Phi}(t,t_0) = \boldsymbol{\Phi}(t)\boldsymbol{\Phi}^{-1}(t_0). \tag{1.13}$$

(2) **唯一性** 初值问题(1.9)的状态转移矩阵是唯一的.

(3) **传递性** 对任意的 t_1, t_2, t_3，成立

$$\boldsymbol{\Phi}(t_1,t_2)\boldsymbol{\Phi}(t_2,t_3) = \boldsymbol{\Phi}(t_1,t_3). \tag{1.14}$$

(4) **可逆性** $\boldsymbol{\Phi}(t,t_0)$ 可逆，且有

$$\boldsymbol{\Phi}^{-1}(t,t_0) = \boldsymbol{\Phi}(t_0,t). \tag{1.15}$$

特别地，若(1.9)是定常系统，则 $\boldsymbol{A}(t)$ 元素都是常数，将 $\boldsymbol{A}(t)$ 记为 $\boldsymbol{A}$，

这时 $\boldsymbol{\Phi}(t,t_0)=\mathrm{e}^{\boldsymbol{A}t}$，于是(1.10) 变为

$$\boldsymbol{x}(t)=\mathrm{e}^{\boldsymbol{A}(t-t_0)}\boldsymbol{x}_0+\int_{t_0}^{t}\mathrm{e}^{\boldsymbol{A}(t-\tau)}\boldsymbol{f}(\tau)\mathrm{d}\tau. \tag{1.16}$$

2. 控制系统的解

由(1.4),(1.5) 描述的线性控制系统，如果初始状态 $\boldsymbol{x}(t_0)$ 已给定，则对应于输入 $\boldsymbol{u}(t)$ 的输出 $\boldsymbol{y}(t)$ 可通过把(1.4) 的解代入输出方程(1.5) 计算出来.

由常微分方程理论知，初值问题

$$\begin{cases}\dfrac{\mathrm{d}\boldsymbol{x}}{\mathrm{d}t}=\boldsymbol{A}(t)\boldsymbol{x}(t)+\boldsymbol{B}(t)\boldsymbol{u}(t),\\ \boldsymbol{x}(t_0)=\boldsymbol{x}_0\end{cases} \tag{1.17}$$

的解为

$$\boldsymbol{x}(t)=\boldsymbol{\Phi}(t,t_0)\boldsymbol{x}_0+\int_{t_0}^{t}\boldsymbol{\Phi}(t,\tau)\boldsymbol{B}(\tau)\boldsymbol{u}(\tau)\mathrm{d}\tau, \tag{1.18}$$

其中 $\boldsymbol{\Phi}(t,t_0)$ 是(1.17) 的状态转移矩阵. 由解的表达式(1.18)，得到线性控制系统(1.4),(1.5) 的输出响应为

$$\boldsymbol{y}(t)=\boldsymbol{C}(t)\boldsymbol{\Phi}(t,t_0)\boldsymbol{x}_0+\boldsymbol{C}(t)\int_{t_0}^{t}\boldsymbol{\Phi}(t,\tau)\boldsymbol{B}(\tau)\boldsymbol{u}(\tau)\mathrm{d}\tau+\boldsymbol{D}(t)\boldsymbol{u}(t). \tag{1.19}$$

在线性控制系统(1.4),(1.5) 中，当输入 $\boldsymbol{u}=\boldsymbol{0}$ 且 $\boldsymbol{D}=\boldsymbol{O}$ 时，解的表达式(1.18) 化为

$$\boldsymbol{x}(t)=\boldsymbol{\Phi}(t,t_0)\boldsymbol{x}_0, \tag{1.20}$$

于是

$$\boldsymbol{y}=\boldsymbol{C}(t)\boldsymbol{x}(t)=\boldsymbol{C}(t)\boldsymbol{\Phi}(t,t_0)\boldsymbol{x}_0, \tag{1.21}$$

称之为**系统的初值响应或零输入响应**.

若(1.17) 是定常系统，则有

$$\boldsymbol{x}(t)=\mathrm{e}^{\boldsymbol{A}(t-t_0)}\boldsymbol{x}_0+\int_{t_0}^{t}\mathrm{e}^{\boldsymbol{A}(t-\tau)}\boldsymbol{B}\boldsymbol{u}(\tau)\mathrm{d}\tau, \tag{1.22}$$

$$\boldsymbol{y}(t)=\boldsymbol{C}\mathrm{e}^{\boldsymbol{A}(t-t_0)}\boldsymbol{x}_0+\int_{t_0}^{t}\boldsymbol{C}\mathrm{e}^{\boldsymbol{A}(t-\tau)}\boldsymbol{B}\boldsymbol{u}(\tau)\mathrm{d}\tau+\boldsymbol{D}\boldsymbol{u}(t), \tag{1.23}$$

其中 $\mathrm{e}^{\boldsymbol{A}t}$ 是矩阵指数.

1.4 定常线性系统的传递函数矩阵

1. 单输入单输出系统

在经典控制理论中研究的是单输入单输出系统，单输入单输出系统通常由下列 n 阶常系数微分方程描述：

$$\begin{aligned} & y^{(n)} + a_{n-1}y^{(n-1)} + \cdots + a_1 y^{(1)} + a_0 y \\ & = b_m u^{(m)} + b_{m-1}u^{(m-1)} + \cdots + b_1 u^{(1)} + b_0 u, \end{aligned} \tag{1.24}$$

其中函数 $y(t)$ 叫做系统的输出，函数 $u(t)$ 叫做系统的输入，t 为时间，$y^{(i)} = \frac{d^i y}{dt^i}$，$u^{(j)} = \frac{d^j u}{dt^j}$，$a_i$，$b_j$ 均为常数，$i = 0,1,\cdots,n$，$j = 0,1,\cdots,m$，$m \leqslant n$.

若假定

$$\left.\begin{aligned} y(0) = y^{(1)}(0) = \cdots = y^{(n-1)}(0) = 0, \\ u(0) = u^{(1)}(0) = \cdots = u^{(m-1)}(0) = 0, \end{aligned}\right\} \tag{1.25}$$

对(1.24)两边取拉普拉斯变换，得

$$\begin{aligned} & (s^n + a_{n-1}s^{n-1} + \cdots + a_1 s + a_0)Y(s) \\ & = (b_m s^m + b_{m-1}s^{m-1} + \cdots + b_1 s + b_0)U(s), \end{aligned}$$

其中 $Y(s)$，$U(s)$ 为 $y(t)$，$u(t)$ 的拉普拉斯变换，则

$$G(s) = \frac{Y(s)}{U(s)} = \frac{b_m s^m + b_{m-1}s^{m-1} + \cdots + b_1 s + b_0}{s^n + a_{n-1}s^{n-1} + \cdots + a_1 s + a_0}, \tag{1.26}$$

称为系统(1.24)的**传递函数**. 若传递函数为 s 的有理真分式，则称系统(1.24)为**物理能实现的**. 单输入 - 单输出系统的传递函数必为有理真分式.

多项式

$$s^n + a_{n-1}s^{n-1} + \cdots + a_1 s + a_0 \tag{1.27}$$

为系统(1.24)的特征多项式，代数方程

$$s^n + a_{n-1}s^{n-1} + \cdots + a_1 s + a_0 = 0 \tag{1.28}$$

叫做系统(1.24)的**特征方程**，特征方程的根(即特征多项式的零点)叫做系统(1.24)的**极点**.

多项式

$$b_m s^m + b_{m-1} s^{m-1} + \cdots + b_1 s + b_0 \tag{1.29}$$

的零点叫做系统(1.24)的**零点**. 若系统(1.24)有相同的零点和极点，则称系统有**零极点相消**，零极点相消后剩下的系统的零点和极点分别称为**传递函数的零点和极点**.

用传递函数描述控制系统(1.24)时，有

$$Y(s) = G(s)U(s), \tag{1.30}$$

因此，给出传递函数，也就能由系统的输入得到系统的输出.

2. 多输入多输出系统

在经典控制理论中，研究单输入单输出线性定常系统时，传递函数起着重要作用，现在导出多输入多输出系统的传递函数矩阵. 为简单起见，假定 $\boldsymbol{D} = \boldsymbol{O}$，考虑定常线性系统

$$\begin{cases} \dfrac{\mathrm{d}\boldsymbol{x}}{\mathrm{d}t} = \boldsymbol{A}\boldsymbol{x} + \boldsymbol{B}\boldsymbol{u}, \\ \boldsymbol{y} = \boldsymbol{C}\boldsymbol{x}, \end{cases} \tag{1.31}$$

其中，$\boldsymbol{x}$ 为 n 维状态变量，$\boldsymbol{y}$ 为 r 维观测向量，$\boldsymbol{A},\boldsymbol{B},\boldsymbol{C}$ 分别为 $n \times n, n \times m, r \times n$ 常数矩阵. 由于系统(1.31)一旦给定，矩阵 $\boldsymbol{A},\boldsymbol{B},\boldsymbol{C}$ 就确定了，反之亦然，所以系统(1.31)常简记为$[\boldsymbol{A},\boldsymbol{B},\boldsymbol{C}]$.

假定 $\boldsymbol{x}(0) = \boldsymbol{0}$，对(1.31)各式两端进行拉普拉斯变换，得

$$s\boldsymbol{X}(s) = \boldsymbol{A}\boldsymbol{X}(s) + \boldsymbol{B}\boldsymbol{U}(s),$$
$$\boldsymbol{Y}(s) = \boldsymbol{C}\boldsymbol{X}(s),$$

其中 $\boldsymbol{X}(s), \boldsymbol{U}(s), \boldsymbol{Y}(s)$ 分别是 $\boldsymbol{x}(t), \boldsymbol{u}(t), \boldsymbol{y}(t)$ 的拉普拉斯变换，于是得

$$\boldsymbol{X}(s) = (s\boldsymbol{I} - \boldsymbol{A})^{-1}\boldsymbol{B}\boldsymbol{U}(s),$$
$$\boldsymbol{Y}(s) = \boldsymbol{C}(s\boldsymbol{I} - \boldsymbol{A})^{-1}\boldsymbol{B}\boldsymbol{U}(s) = \boldsymbol{G}(s)\boldsymbol{U}(s),$$

其中

$$\boldsymbol{G}(s) = \boldsymbol{C}(s\boldsymbol{I} - \boldsymbol{A})^{-1}\boldsymbol{B} \tag{1.32}$$

称为系统$[\boldsymbol{A},\boldsymbol{B},\boldsymbol{C}]$的**传递函数矩阵**. 当 $r = m = 1$ 时，传递函数矩阵 $\boldsymbol{G}(s)$ 就是单输入单输出系统的传递函数 $g(s)$.

传递函数矩阵的主要计算量是计算特征矩阵 $s\boldsymbol{I} - \boldsymbol{A}$ 的逆矩阵. 一个用于计算$(s\boldsymbol{I} - \boldsymbol{A})^{-1}$ 的叫做 Leverrier 算法的公式是

$$(s\boldsymbol{I} - \boldsymbol{A})^{-1} = \frac{1}{k(s)}(s^{n-1}\boldsymbol{I} + s^{n-2}\boldsymbol{B}_1 + s^{n-3}\boldsymbol{B}_2 + \cdots + \boldsymbol{B}_{n-1}), \tag{1.33}$$

这里特征多项式 $k(s)$ 的系数 k_i 以及矩阵 $\boldsymbol{B}_i$ 由下面各式确定：

$$\left.\begin{aligned} &\boldsymbol{B}_1 = \boldsymbol{A} + k_1\boldsymbol{I}, \\ &\boldsymbol{B}_i = \boldsymbol{A}\boldsymbol{B}_{i-1} + k_i\boldsymbol{I}, \quad i = 2,3,\cdots,n-1, \\ &k_1 = -\operatorname{tr}\boldsymbol{A}, \\ &k_i = -\frac{1}{i}\operatorname{tr}(\boldsymbol{A}\boldsymbol{B}_{i-1}), \quad i = 2,3,\cdots,n. \end{aligned}\right\} \tag{1.34}$$

利用(1.33)，传递函数矩阵 $\boldsymbol{G}(s)$ 的表示式(1.32) 变为

$$\boldsymbol{G}(s) = \frac{1}{k(s)}(s^{n-1}\boldsymbol{G}_0 + s^{n-2}\boldsymbol{G}_1 + \cdots + \boldsymbol{G}_{n-1}) = \frac{\boldsymbol{H}(s)}{k(s)}, \tag{1.35}$$

这里 $k(s)$ 是 $\boldsymbol{A}$ 的特征多项式，$\boldsymbol{G}_k = (g_{ij}^{(k)})$ 是 $r \times m$ 矩阵. $r \times m$ 矩阵 $\boldsymbol{H}(s)$ 是一个多项式矩阵，因为它的每个元素本身就是一个多项式，即

$$h_{ij} = s^{n-1}g_{ij}^{(0)} + s^{n-2}g_{ij}^{(1)} + \cdots + g_{ij}^{(n-1)}.$$

可见，传递矩阵 $\boldsymbol{G}(s)$ 的元素都是有理函数.

1.5 经典控制和状态空间表示的关系

在现代控制论中，线性控制系统都是用矩阵的形式表示的. 但在经典控制论中，所处理的线性系统都是形如(1.24) 的纯量形式的微分方程. 这两者之间有什么联系呢? 这是本节要讨论的问题. 为方便起见，考虑(1.24) 的简洁形式

$$y^{(n)} + a_{n-1}y^{(n-1)} + \cdots + a_1 y^{(1)} + a_0 y = u(t), \tag{1.36}$$

这里 $u(t)$ 是单控制变量. 作变量代换

$$w_1 = y, \quad w_2 = y^{(1)}, \quad \cdots, \quad w_n = y^{(n-1)}, \tag{1.37}$$

这里 w_i 都叫做**状态变量**. 由于

$$\dot{w}_i = w_{i+1}, \quad i = 1,2,\cdots,n-1,$$

所以(1.36) 就变成了状态空间形式

$$\dot{\boldsymbol{w}} = \boldsymbol{C}\boldsymbol{w} + \boldsymbol{d}u, \tag{1.38}$$

其中

$$\boldsymbol{C} = \begin{pmatrix} 0 & 1 & & \\ \vdots & & \ddots & \\ 0 & & & 1 \\ -a_0 & -a_1 & \cdots & -a_{n-1} \end{pmatrix}, \tag{1.39}$$

$$\boldsymbol{w}=(w_1,w_2,\cdots,w_n)^{\mathrm{T}},$$

且

$$\boldsymbol{d}=(0,0,\cdots,0,1)^{\mathrm{T}}. \tag{1.40}$$

矩阵 $\boldsymbol{C}$ 的特征多项式为

$$\det(\lambda\boldsymbol{I}-\boldsymbol{C})=\lambda^n+a_{n-1}\lambda^{n-1}+\cdots+a_0\equiv k(\lambda), \tag{1.41}$$

其系数和方程(1.36)的系数相同. 这与前面对(1.24)作拉普拉斯变换所得到的结果相同. 对于更一般的经典控制系统(1.24)可同样处理，将它转化为状态空间中的矩阵形式.

我们已经将(1.36)转换成了矩阵形式，一个自然的问题是其相反的过程是否成立? 即在状态空间形式下的任何一个单输入系统

$$\dot{\boldsymbol{x}}=\boldsymbol{A}\boldsymbol{x}+\boldsymbol{b}u \tag{1.42}$$

可否转化为经典形式? 我们看到，如果有一个非奇异的线性变换 $\boldsymbol{w}=\boldsymbol{T}\boldsymbol{x}$，将(1.42)化为(1.38),(1.39)及(1.40)的形式，则变换(1.37)便可把系统转化为如(1.36)的经典形式. 因此，为将一般状态空间形式化为经典形式，只需将它转化为(1.38),(1.39)及(1.40)的形式. (1.38),(1.39),(1.40)叫做单输入系统的规范形.

定理 1.1　设 $\boldsymbol{A}$ 是 $n\times n$ 常数矩阵，$\boldsymbol{b}$ 是 n 维列向量，则控制系统(1.42)可通过非奇异变换 $\boldsymbol{w}=\boldsymbol{T}\boldsymbol{x}$ 化为(1.38),(1.39)及(1.40)所示的规范形的充要条件是

$$\operatorname{rank}(\boldsymbol{b},\boldsymbol{A}\boldsymbol{b},\boldsymbol{A}^2\boldsymbol{b},\cdots,\boldsymbol{A}^{n-1}\boldsymbol{b})=n. \tag{1.43}$$

证　充分性. 将 $\boldsymbol{w}=\boldsymbol{T}\boldsymbol{x}$ 代入(1.42)得

$$\dot{\boldsymbol{w}}=\boldsymbol{T}\boldsymbol{A}\boldsymbol{T}^{-1}\boldsymbol{w}+\boldsymbol{T}\boldsymbol{b}u. \tag{1.44}$$

设 $\boldsymbol{t}$ 是一个 n 维行向量，构造 n 阶方阵

$$\boldsymbol{T}=\begin{pmatrix}\boldsymbol{t}\\ \boldsymbol{t}\boldsymbol{A}\\ \boldsymbol{t}\boldsymbol{A}^2\\ \vdots\\ \boldsymbol{t}\boldsymbol{A}^{n-1}\end{pmatrix}, \tag{1.45}$$

这里先假定通过 $\boldsymbol{t}$ 的适当选取已使 $\boldsymbol{T}$ 是一个非奇异矩阵. 记

$$\boldsymbol{T}^{-1}=(\boldsymbol{s}_1,\boldsymbol{s}_2,\cdots,\boldsymbol{s}_n),$$

其中 $\boldsymbol{s}_i$ 是 n 维列向量，于是

$$TAT^{-1}=\begin{pmatrix} tAs_1 & tAs_2 & \cdots & tAs_n \\ tA^2s_1 & tA^2s_2 & \cdots & tA^2s_n \\ \vdots & \vdots & & \vdots \\ tA^ns_1 & tA^ns_2 & \cdots & tA^ns_n \end{pmatrix}.$$

由于 $TT^{-1}=I$，即

$$\begin{pmatrix} ts_1 & ts_2 & \cdots & ts_n \\ tAs_1 & tAs_2 & \cdots & tAs_n \\ \vdots & \vdots & & \vdots \\ tA^{n-1}s_1 & tA^{n-1}s_2 & \cdots & tA^{n-1}s_n \end{pmatrix}=\begin{pmatrix} 1 & 0 & \cdots & 0 \\ 0 & 1 & \cdots & 0 \\ \vdots & \vdots & & \vdots \\ 0 & 0 & \cdots & 1 \end{pmatrix},$$

比较以上两式，可以看出 TAT^{-1} 的第 i $(i=1,2,\cdots,n-1)$ 行恰好是 I 的第 $i+1$ 行，于是 TAT^{-1} 确实是(1.39) 所表示的矩阵 C 的形式，其最后一行由

$$a_{n-i}=-tA^ns_{n-i+1},\quad i=1,2,\cdots,n$$

给出. 比较(1.44) 和(1.38) 得到

$$Tb=d.$$

将(1.45) 代入这个等式得

$$tb=0,\quad tAb=0,\quad \cdots,\quad tA^{n-2}b=0,\quad tA^{n-1}b=1,\tag{1.46}$$

或

$$t(b,Ab,\cdots,A^{n-1}b)=d^{\mathrm{T}}.\tag{1.47}$$

考虑到(1.43) 成立，(1.47) 关于 t 有唯一解. 现在剩下的问题是证明由(1.45) 给出的 T 是非奇异矩阵，这只需要证明其行向量线性无关. 假设

$$\alpha_1t+\alpha_2tA+\cdots+\alpha_ntA^{n-1}=\mathbf{0},\tag{1.48}$$

其中 α_i 都是常数. 以 b 右乘(1.48) 并利用(1.46) 得 $\alpha_n=0$. 类似地分别以 $Ab,A^2b,\cdots,A^{n-1}b$ 右乘(1.41)，依此得到 $\alpha_{n-1}=0$，$\alpha_{n-2}=0$，…，$\alpha_1=0$，这说明 T 的行向量线性无关.

必要性. 如果存在非奇异阵 T，使控制系统(1.42) 通过非奇异变换 $w=Tx$ 化为(1.38)，(1.39) 及(1.40) 所示的规范形，则

$$\begin{aligned}&\operatorname{rank}(b,Ab,\cdots,A^{n-1}b)\\&=\operatorname{rank}(Tb,TAb,\cdots,TA^{n-1}b)\\&=\operatorname{rank}(Tb,(TAT^{-1})Tb,\cdots,(TAT^{-1})^{n-1}Tb)\\&=\operatorname{rank}(d,Cd,\cdots,C^{n-1}d).\end{aligned}\tag{1.49}$$

利用(1.39) 和(1.40) 可知上式中最后一个矩阵是三角形矩阵

$$\widetilde{U}=\begin{pmatrix}0 & 0 & 0 & \cdots & 0 & 1\\ 0 & 0 & 0 & \cdots & 1 & \theta_1\\ \vdots & \vdots & \vdots & & \vdots & \vdots\\ 0 & 0 & 1 & \cdots & \theta_{n-4} & \theta_{n-3}\\ 0 & 1 & \theta_1 & \cdots & \theta_{n-3} & \theta_{n-2}\\ 1 & \theta_1 & \theta_2 & \cdots & \theta_{n-2} & \theta_{n-1}\end{pmatrix}, \tag{1.50}$$

其中 θ_i 是不全为零的数. 这说明$\widetilde{U}$ 是满秩矩阵，因此(1.43) 成立. □

在完成定理证明的同时，我们看到非奇异阵 $\boldsymbol{T}$ 可以由(1.47) 和(1.45) 而构造出来. 尽管如此，我们也可给出变换 $\boldsymbol{x}=\boldsymbol{T}^{-1}\boldsymbol{w}$ 中系数矩阵 $\boldsymbol{T}^{-1}$ 的一个明确表达式. 记

$$\boldsymbol{U}=(\boldsymbol{b},\boldsymbol{A}\boldsymbol{b},\cdots,\boldsymbol{A}^{n-1}\boldsymbol{b}), \tag{1.51}$$

在(1.49) 的推导过程中已经看到，$\boldsymbol{TU}$ 等于由(1.50) 给出的矩阵$\widetilde{U}$，其元素为

$$\theta_i=-\sum_{j=0}^{i-1}a_{n-j-1}\theta_{i-j-1},\ i=1,2,\cdots,n-1,\quad \theta_0=1. \tag{1.52}$$

可直接验证$\widetilde{U}$ 的逆为

$$\widetilde{U}^{-1}=\begin{pmatrix}a_1 & a_2 & a_3 & \cdots & a_{n-1} & 1\\ a_2 & a_3 & a_4 & \cdots & 1 & 0\\ \vdots & \vdots & \vdots & & \vdots & \vdots\\ a_{n-2} & a_{n-1} & 1 & \cdots & 0 & 0\\ a_{n-1} & 1 & 0 & \cdots & 0 & 0\\ 1 & 0 & 0 & \cdots & 0 & 0\end{pmatrix}. \tag{1.53}$$

于是，由 $\boldsymbol{TU}=\widetilde{U}$ 知，矩阵 $\boldsymbol{T}$ 的逆为

$$\boldsymbol{T}^{-1}=\boldsymbol{U}\widetilde{U}^{-1}. \tag{1.54}$$

注意，(1.53) 中的 a_i 是矩阵$\boldsymbol{C}$ 的特征方程(1.41) 的系数. 因为矩阵 $\boldsymbol{A}$ 和矩阵 $\boldsymbol{C}$ 相似，所以为了利用(1.54) 求出 $\boldsymbol{T}^{-1}$，只需求出 $\boldsymbol{A}$ 的特征方程就可以了.

例 1.2　设

$$\boldsymbol{A}=\begin{pmatrix}1 & -3\\ 4 & 2\end{pmatrix},\quad \boldsymbol{b}=\begin{pmatrix}1\\ 1\end{pmatrix}.$$

求满足定理条件的 $\boldsymbol{T}$.

解 设 $\boldsymbol{t}=(t_1,t_2)$，由(1.46)得

$$\begin{cases}t_1+t_2=0,\\-2t_1+6t_2=1,\end{cases}$$

所以 $t_1=-\dfrac{1}{8}$，$t_2=\dfrac{1}{8}$. 由(1.45)得

$$\boldsymbol{T}=\frac{1}{8}\begin{pmatrix}-1&1\\3&5\end{pmatrix},\quad \boldsymbol{T}^{-1}=\begin{pmatrix}-5&1\\3&1\end{pmatrix}.$$

简单计算得

$$\boldsymbol{TAT}^{-1}=\begin{pmatrix}0&1\\-14&3\end{pmatrix}.$$

因此转换得到的系统为

$$\begin{cases}\dot{w}_1=w_2,\\\dot{w}_2=-14w_1+3w_2+u,\end{cases}$$

或

$$\ddot{z}-3\dot{z}+14z=u.$$

现考虑零输入且单输出的系统

$$\begin{cases}\dot{\boldsymbol{x}}=\boldsymbol{Ax}, & (1.55)\\ y=\boldsymbol{cx}, & (1.56)\end{cases}$$

这里 $\boldsymbol{A}$ 是一个 $n\times n$ 矩阵，$\boldsymbol{c}$ 是 n 维行向量，$y(t)$ 是输出变量. 对于这一系统，有类似于定理 1.1 的结论：

定理 1.2 存在非奇异变换 $\boldsymbol{x}=\boldsymbol{Pv}$ 将(1.55)，(1.56)化为形式

$$\begin{cases}\dot{\boldsymbol{v}}=\boldsymbol{Ev},\\ y=\boldsymbol{fv},\end{cases}\tag{1.57}$$

这里

$$\boldsymbol{E}=\begin{pmatrix}0&0&\cdots&0&-e_n\\1&0&\cdots&0&-e_{n-1}\\0&1&\cdots&0&-e_{n-2}\\\vdots&\vdots&&\vdots&\vdots\\0&0&\cdots&1&-e_1\end{pmatrix},\tag{1.58}$$

$$\boldsymbol{f}=(0,0,\cdots,1),\tag{1.59}$$

的充要条件是

$$\operatorname{rank}\begin{pmatrix} \boldsymbol{c} \\ \boldsymbol{cA} \\ \boldsymbol{cA}^2 \\ \vdots \\ \boldsymbol{cA}^{n-1} \end{pmatrix} = n. \tag{1.60}$$

证 这个定理的证明类似于定理 1.1 的证明，因此只给出框架性的证明. 将变换 $\boldsymbol{x} = \boldsymbol{P}\boldsymbol{v}$ 代入(1.55) 和(1.56) 得出

$$\dot{\boldsymbol{v}} = \boldsymbol{P}^{-1}\boldsymbol{A}\boldsymbol{P}\boldsymbol{v}, \quad y = \boldsymbol{c}\boldsymbol{P}\boldsymbol{v}.$$

因此我们首先要证明 $\boldsymbol{P}^{-1}\boldsymbol{A}\boldsymbol{P}$ 具有(1.58) 的形式. 设

$$\boldsymbol{P} = (\boldsymbol{r}, \boldsymbol{A}\boldsymbol{r}, \cdots, \boldsymbol{A}^{n-1}\boldsymbol{r}), \tag{1.61}$$

这里 $\boldsymbol{r}$ 是使 $\boldsymbol{P}$ 成为非奇异矩阵的某个 n 维列向量. 假设 $\boldsymbol{P}^{-1}$ 的行向量是 $\boldsymbol{q}_1$，$\boldsymbol{q}_2, \cdots, \boldsymbol{q}_n$，则通过比较等式 $\boldsymbol{P}^{-1}\boldsymbol{P} = \boldsymbol{I}$ 两边的对应元素即可得到(1.58)，其中

$$e_i = -\boldsymbol{q}_{n-i+1}\boldsymbol{A}^n\boldsymbol{r}, \quad i = 1, 2, \cdots, n.$$

由(1.60) 和 $\boldsymbol{P}$ 非奇异的条件可推得第二个式子 $\boldsymbol{c}\boldsymbol{P} = \boldsymbol{f}$. 这样便得到充分性.

必要性的证明也类似于定理 1.1 的证明. 利用(1.61) 和条件 $\boldsymbol{c}\boldsymbol{P} = \boldsymbol{f}$ 便可构造出矩阵 $\boldsymbol{P}$. □

注意到 $\boldsymbol{E}$ 也是友矩阵的形式，其特征多项式为

$$\det(\lambda\boldsymbol{I} - \boldsymbol{E}) = \lambda^n + e_1\lambda^{n-1} + \cdots + e_n, \tag{1.62}$$

这与 $\boldsymbol{A}$ 的特征多项式相同.

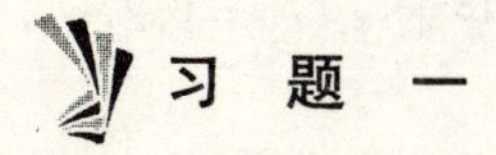

习 题 一

1.1 设 $\boldsymbol{\Phi}(t_0, t)$ 是线性系统

$$\frac{\mathrm{d}\boldsymbol{x}}{\mathrm{d}t} = \boldsymbol{A}(t)\boldsymbol{x}$$

的状态转移矩阵，证明：$\boldsymbol{\Phi}^{\mathrm{T}}(t_0, t)$ 是线性系统

$$\frac{\mathrm{d}\boldsymbol{x}}{\mathrm{d}t} = -\boldsymbol{A}^{\mathrm{T}}(t)\boldsymbol{x}$$

的状态转移矩阵.

1.2 设

$$\boldsymbol{A} = \begin{pmatrix} -1 & -1 \\ 2 & -4 \end{pmatrix}, \quad \boldsymbol{b} = \begin{pmatrix} 1 \\ 3 \end{pmatrix},$$

求满足定理 1.1 条件的矩阵 $\boldsymbol{T}$.

1.3 设

$$\boldsymbol{A}=\begin{pmatrix}1&0&-1\\1&2&1\\2&2&3\end{pmatrix},\quad \boldsymbol{b}=\begin{pmatrix}1\\0\\1\end{pmatrix},$$

求满足定理 1.1 条件的矩阵 $\boldsymbol{T}$.

1.4 设零输入控制系统的系数矩阵为

$$\boldsymbol{A}=\begin{pmatrix}1&-2&0\\3&-1&1\\0&2&0\end{pmatrix},\quad \boldsymbol{c}=(0,0,2).$$

求满足定理 1.2 条件的矩阵 $\boldsymbol{P}$.

1.5 证明定理 1.2 中的必要性命题成立.

1.6 证明：如果 $\boldsymbol{A}$ 是一个数量矩阵(即单位矩阵的倍数)，则 $\boldsymbol{A}$ 不可能被非奇异变换转化为(1.39) 或(1.58) 的形式.

1.7 证明：如果

$$z=(\beta_n-a_0\beta_0,\beta_{n-1}-a_1\beta_0,\cdots,\beta_1-a_{n-1}\beta_0)\boldsymbol{w}+\beta_0 u,$$

这里 $\boldsymbol{w}$ 满足(1.38)，则 z 满足(1.36) 并且其右端的 u 应当换为

$$\beta_0 u^{(n)}+\beta_1 u^{(n-1)}+\cdots+\beta_n u.$$

1.8 设 $\boldsymbol{V}$ 是(1.60) 所表示的矩阵，证明：定理 1.2 中的变换矩阵 $\boldsymbol{P}$ 的逆矩阵为

$$\boldsymbol{P}^{-1}=\widetilde{\boldsymbol{U}}^{-1}\boldsymbol{V},$$

这里 $\widetilde{\boldsymbol{U}}^{-1}$ 是(1.53) 所给的矩阵但要将 a_{n-i} 用(1.62) 中的 $e_i(i=1,2,\cdots,n-1)$ 代替.

第二章　线性控制系统

本章是状态空间理论的基础，大部分成果是20世纪50年代到70年代中期所取得的.

正如在许多实际例子中所看到的那样，对于一个控制系统，人们首先考虑的问题往往是通过适当选取控制变量，使某个目标能够达到. 如果目标不能达到，则只好改变目标或改变控制的方式.

2.1　能　控　性

能控性问题就是通过选择控制函数把受控系统的给定状态转移到任意别的指定状态的问题. 考虑线性时变系统 S_1：

$$\begin{cases}\dfrac{\mathrm{d}\boldsymbol{x}}{\mathrm{d}t}=\boldsymbol{A}(t)\boldsymbol{x}(t)+\boldsymbol{B}(t)\boldsymbol{u}(t),\\ \boldsymbol{y}=\boldsymbol{C}(t)\boldsymbol{x}(t),\end{cases}\tag{2.1}$$

这里 $\boldsymbol{A}$ 是 $n\times n$ 矩阵，$\boldsymbol{B}$ 是 $n\times m$ 矩阵，$\boldsymbol{C}$ 是 $r\times n$ 矩阵.

定义 2.1　系统 S_1 称为**完全能控的**，如果对任意的 t_0，任意的初始状态 $\boldsymbol{x}(t_0)=\boldsymbol{x}_0$ 以及任意给定的终值状态 $\boldsymbol{x}_f$，存在有限时刻 $t_1>t_0$ 及控制函数 $\boldsymbol{u}(t)$，$t_0\leqslant t\leqslant t_1$，使 $\boldsymbol{x}(t_1)=\boldsymbol{x}_f$.

注 1　"完全能控"中的"完全"意味着对所有的初值 $\boldsymbol{x}_0$ 和终值 $\boldsymbol{x}_f$ 都成立. 此外还可以定义其他类型的能控性，例如完全输出能控性要求任何最终输出都能达到.

注 2　在应用问题中往往要求控制向量 $\boldsymbol{u}(t)$ 在区间$[t_0,t_1)$ 上是分段连续的.

例 2.1　设轮子绕轴旋转，总惯性矩为 J. 现要求施加制动力矩 $u(t)$ 使轮子停止，试给出其理论描述.

解　运动方程为

$$J\frac{dx_1}{dt}=u,$$

这里 $x_1(t)$ 是角速度. 上式两端积分，得

$$x_1(t_1)=x_1(t_0)+\frac{1}{J}\int_{t_0}^{t_1}u(t)dt.$$

由于要求 $x_1(t_1)=0$，我们必须选 $u(t)$，使

$$\int_{t_0}^{t_1}u(t)dt=-Jx_1(t_0). \tag{2.2}$$

显然，对任何 $x_1(t_0)$，都可选取适当的 $u(t)$，如选常数型力矩

$$u(t)=-J\frac{x_1(t_0)}{t_1-t_0}$$

使系统完全能控.

显然，满足(2.2)的 $u(t)$ 有无穷多个，为取得唯一的 $u(t)$，就必须加上别的附加条件，如时间最短，能量消耗最少等.

例 2.2 讨论受控系统

$$\begin{cases}\dfrac{dx_1}{dt}=a_1x_1+a_2x_2+b_1u,\\ \dfrac{dx_2}{dt}=a_3x_2\end{cases}$$

的完全能控性.

解 直接观察就可以看出，该系统不是完全能控的，因为 $u(t)$ 对 x_2 没有影响，x_2 完全由第二个方程及 $x_2(t_0)$ 决定.

由线性系统的常数变易公式知，当给定初始状态 $\boldsymbol{x}(t_0)=\boldsymbol{x}_0$ 时，(2.1)的解为

$$\boldsymbol{x}_f=\boldsymbol{\Phi}(t_1,t_0)\left(\boldsymbol{x}_0+\int_{t_0}^{t_1}\boldsymbol{\Phi}(t_0,\tau)\boldsymbol{B}(\tau)\boldsymbol{u}(\tau)d\tau\right). \tag{2.3}$$

利用状态转移矩阵 $\boldsymbol{\Phi}(t_0,t)$ 的性质，得

$$\boldsymbol{0}=\boldsymbol{\Phi}(t_1,t_0)\left(\boldsymbol{x}_0-\boldsymbol{\Phi}(t_0,t_1)\boldsymbol{x}_f+\int_{t_0}^{t_1}\boldsymbol{\Phi}(t_0,\tau)\boldsymbol{B}(\tau)\boldsymbol{u}(\tau)d\tau\right).$$

因为 $\boldsymbol{\Phi}(t_1,t_0)$ 是非奇异矩阵，上式表明，如果 $\boldsymbol{u}(t)$ 把 $\boldsymbol{x}_0$ 转移到 $\boldsymbol{x}_f$，则在同一区间内同一控制 $\boldsymbol{u}(t)$ 也就把 $\boldsymbol{x}_0-\boldsymbol{\Phi}(t_0,t_1)\boldsymbol{x}_f$ 转移到原点. 因为 $\boldsymbol{x}_0$ 和 $\boldsymbol{x}_f$ 都是任意的，所以在定义 2.1 中以零向量代替终值 $\boldsymbol{x}_f$ 并不失一般性. 这样我们讨论系统(2.1)的能控性问题时仅考虑零能控(即终值状态 $\boldsymbol{x}_f=\boldsymbol{0}$)问题就可以了.

1. 定常控制系统能控性的代数判断依据

对定常系统在能控性定义中可选初始时刻为 $t_0 = 0$，并可推出一般的代数判断依据.

定理 2.1　定常受控系统

$$\frac{\mathrm{d}\boldsymbol{x}}{\mathrm{d}t} = \boldsymbol{A}\boldsymbol{x} + \boldsymbol{B}\boldsymbol{u} \tag{2.4}$$

完全能控的充分必要条件是 $n \times nm$ 矩阵

$$\boldsymbol{U} = (\boldsymbol{B}, \boldsymbol{A}\boldsymbol{B}, \boldsymbol{A}^2\boldsymbol{B}, \cdots, \boldsymbol{A}^{n-1}\boldsymbol{B}) \tag{2.5}$$

的秩 $\mathrm{rank}(\boldsymbol{U}) = n$.

证　必要性. 设(2.4)是完全能控的，我们证明 $\boldsymbol{U}$ 的秩为 $\mathrm{rank}(\boldsymbol{U}) = n$. 反设 $\mathrm{rank}(\boldsymbol{U}) < n$，于是 $\boldsymbol{U}$ 的行向量组线性相关，即存在一个常数 n 维非零行向量 $\boldsymbol{q}$，使得

$$\boldsymbol{q}\boldsymbol{B} = \boldsymbol{0}, \quad \boldsymbol{q}\boldsymbol{A}\boldsymbol{B} = \boldsymbol{0}, \quad \cdots, \quad \boldsymbol{q}\boldsymbol{A}^{n-1}\boldsymbol{B} = \boldsymbol{0}. \tag{2.6}$$

已经知道(2.4)的解为

$$\boldsymbol{x}(t) = \exp(\boldsymbol{A}t)\left(\boldsymbol{x}_0 + \int_0^t \exp(-\boldsymbol{A}\tau)\boldsymbol{B}\boldsymbol{u}(\tau)\mathrm{d}\tau\right),$$

设 $\boldsymbol{x}_0$ 为任一向量，取 $\boldsymbol{x}(0) = \boldsymbol{x}_0$，$\boldsymbol{x}(t_1) = \boldsymbol{0}$，考虑到 $\exp(\boldsymbol{A}t_1)$ 是非奇异的，得

$$-\boldsymbol{x}_0 = \int_0^{t_1} \exp(-\boldsymbol{A}\tau)\boldsymbol{B}\boldsymbol{u}(\tau)\mathrm{d}\tau. \tag{2.7}$$

由 Cayley-Hamilton 定理，$\exp(-\boldsymbol{A}\tau)$ 可表示为最高为 $n-1$ 次幂的矩阵多项式 $r_0\boldsymbol{I} + r_1\boldsymbol{A} + \cdots + r_{n-1}\boldsymbol{A}^{n-1}$，故(2.7)变为

$$-\boldsymbol{x}_0 = \int_0^{t_1} (r_0\boldsymbol{I} + r_1\boldsymbol{A} + \cdots + r_{n-1}\boldsymbol{A}^{n-1})\boldsymbol{B}\boldsymbol{u}(\tau)\mathrm{d}\tau. \tag{2.8}$$

以向量 $\boldsymbol{q}$ 在(2.8)两边作内积，并考虑到(2.6)，得

$$\boldsymbol{q}\boldsymbol{x}_0 \equiv 0.$$

因为(2.4)是完全能控的，于是上式对任意的向量 $\boldsymbol{x}_0$ 都成立，所以 $\boldsymbol{q} = \boldsymbol{0}$，这与假设 $\mathrm{rank}(\boldsymbol{U}) < n$ 矛盾.

充分性. 现假设 $\mathrm{rank}(\boldsymbol{U}) = n$，需证对任意给定的 $\boldsymbol{x}_0$，存在函数 $\boldsymbol{u}(\tau)$，$0 \leqslant \tau \leqslant t_1$，当将 $\boldsymbol{u}(\tau)$ 代入

$$\boldsymbol{x}(t) = \exp(\boldsymbol{A}t)\left(\boldsymbol{x}_0 + \int_0^t \exp(-\boldsymbol{A}\tau)\boldsymbol{B}\boldsymbol{u}(\tau)\mathrm{d}\tau\right) \tag{2.9}$$

时，可推出 $\boldsymbol{x}(t_1)=\mathbf{0}$.

考虑常数对称矩阵

$$\boldsymbol{M}=\int_0^{t_1}\exp(-\boldsymbol{A}\tau)\boldsymbol{B}\boldsymbol{B}^{\mathrm{T}}\exp(-\boldsymbol{A}^{\mathrm{T}}\tau)\mathrm{d}\tau, \tag{2.10}$$

设 $\boldsymbol{\alpha}$ 是任意 n 维常数型列向量，以 $\boldsymbol{M}$ 为系数矩阵的二次型

$$\boldsymbol{\alpha}^{\mathrm{T}}\boldsymbol{M}\boldsymbol{\alpha}=\int_0^{t_1}\boldsymbol{\psi}(\tau)\boldsymbol{\psi}^{\mathrm{T}}(\tau)\mathrm{d}\tau=\int_0^{t}\|\boldsymbol{\psi}(\tau)\|_e^2\mathrm{d}\tau\geqslant 0, \tag{2.11}$$

这里 $\boldsymbol{\psi}(\tau)=\boldsymbol{\alpha}^{\mathrm{T}}\exp(-\boldsymbol{A}\tau)\boldsymbol{B}$，$\|\boldsymbol{\psi}(\tau)\|_e$ 是向量 $\boldsymbol{\psi}(\tau)$ 的欧几里得范数. 由(2.11)可知 $\boldsymbol{M}$ 是半正定矩阵，因此当且仅当存在向量 $\hat{\boldsymbol{\alpha}}\neq\mathbf{0}$ 使 $\hat{\boldsymbol{\alpha}}^{\mathrm{T}}\boldsymbol{M}\hat{\boldsymbol{\alpha}}=0$ 时 $\boldsymbol{M}$ 是奇异矩阵. 由(2.11)可知，若 $\boldsymbol{M}$ 是非奇异的，则对上述 $\hat{\boldsymbol{\alpha}}\neq\mathbf{0}$，由欧几里得范数的性质知，$\boldsymbol{\psi}(\tau)\equiv\mathbf{0}$，$0\leqslant\tau\leqslant t_1$，即

$$\hat{\boldsymbol{\alpha}}^{\mathrm{T}}\left(\boldsymbol{I}-\tau\boldsymbol{A}+\frac{\tau^2}{2!}\boldsymbol{A}^2-\cdots\right)\boldsymbol{B}=\mathbf{0},\quad 0\leqslant\tau\leqslant t_1,$$

所以

$$\hat{\boldsymbol{\alpha}}^{\mathrm{T}}\boldsymbol{B}=\mathbf{0},\quad \hat{\boldsymbol{\alpha}}^{\mathrm{T}}\boldsymbol{A}\boldsymbol{B}=\mathbf{0},\quad \hat{\boldsymbol{\alpha}}^{\mathrm{T}}\boldsymbol{A}^2\boldsymbol{B}=\mathbf{0},\quad \cdots.$$

由此得到 $\hat{\boldsymbol{\alpha}}^{\mathrm{T}}\boldsymbol{U}=\mathbf{0}$，这里 $\boldsymbol{U}$ 是(2.5)中的能控性矩阵. 因为 $\boldsymbol{U}$ 的秩为 n，所以满足上式的非零向量 $\hat{\boldsymbol{\alpha}}^{\mathrm{T}}$ 不可能存在，这就证明了 $\boldsymbol{M}$ 是非奇异的. 于是，$\boldsymbol{M}$ 的逆矩阵 $\boldsymbol{M}^{-1}$ 存在.

现在，选控制向量

$$\boldsymbol{u}(\tau)=-\boldsymbol{B}^{\mathrm{T}}\exp(-\boldsymbol{A}^{\mathrm{T}}\tau)\boldsymbol{M}^{-1}\boldsymbol{x}_0,\quad 0\leqslant\tau\leqslant t_1,$$

并代之于(2.9)，得

$$\begin{aligned}\boldsymbol{x}(t_1)&=\exp(\boldsymbol{A}t_1)\left(\boldsymbol{x}_0-\int_0^{t_1}\exp(-\boldsymbol{A}\tau)\boldsymbol{B}\boldsymbol{B}^{\mathrm{T}}\exp(-\boldsymbol{A}^{\mathrm{T}}\tau)\boldsymbol{M}^{-1}\boldsymbol{x}_0\mathrm{d}\tau\right)\\&=\exp(\boldsymbol{A}t_1)(\boldsymbol{x}_0-\boldsymbol{M}\boldsymbol{M}^{-1}\boldsymbol{x}_0)\\&=\mathbf{0}.\end{aligned}$$

证毕. □

由定理 2.1 可以看出，对于定常系统，只要它在某个时刻能控，则必定在任意时刻能控，因此对定常系统只讨论能控而无需强调时间范围.

注意到能控性矩阵 $\boldsymbol{U}$ 中各块的结构是

$$\boldsymbol{A}^i\boldsymbol{B}=\boldsymbol{A}(\boldsymbol{A}^{i-1}\boldsymbol{B}),\quad i=2,3,\cdots,n-1.$$

于是有

推论 2.1 如果矩阵 $\boldsymbol{B}$ 的秩 $\mathrm{rank}(\boldsymbol{B})=p$，则受控系统(2.4)完全能控的充要条件是 $\mathrm{rank}(\boldsymbol{B},\boldsymbol{A}\boldsymbol{B},\cdots,\boldsymbol{A}^{n-p}\boldsymbol{B})=n$.

证　定义矩阵

$$U_k = (\boldsymbol{B}, \boldsymbol{AB}, \cdots, \boldsymbol{A}^k\boldsymbol{B}), \quad k = 0,1,2,\cdots.$$

如果 $\operatorname{rank}(\boldsymbol{U}_l) = \operatorname{rank}(\boldsymbol{U}_{l+1})$，则 $\boldsymbol{A}^{l+1}\boldsymbol{B}$ 的列向量可由 $\boldsymbol{U}_l$ 的列向量线性表示. 由此推出 $\boldsymbol{A}^{l+2}\boldsymbol{B}, \boldsymbol{A}^{l+3}\boldsymbol{B}, \cdots$ 的列向量都可由 $\boldsymbol{U}_l$ 的列向量线性表示，于是

$$\operatorname{rank}(\boldsymbol{U}_l) = \operatorname{rank}(\boldsymbol{U}_{l+1}) = \operatorname{rank}(\boldsymbol{U}_{l+2}) = \cdots.$$

可见，$\operatorname{rank}(\boldsymbol{U}_k)$ 随 k 从 1 开始增加而相应地增大，直到 k 等于某个数 l 时，$\operatorname{rank}(\boldsymbol{U}_k)$ 增至最大值. 由于 $\operatorname{rank}(\boldsymbol{U}_0) = \operatorname{rank}(\boldsymbol{B}) = p$，且 $\operatorname{rank}(\boldsymbol{U}_k) \leqslant n$，所以 $p + l \leqslant n$，即 $l \leqslant n - p$. □

例 2.3　讨论受控系统

$$\begin{cases} \dfrac{\mathrm{d}x_1}{\mathrm{d}t} = -2x_1 + 2x_2 + u, \\ \dfrac{\mathrm{d}x_2}{\mathrm{d}t} = x_1 - x_2 \end{cases}$$

的能控性.

解　形如(2.5)的能控性矩阵是

$$\boldsymbol{U} = \begin{pmatrix} 1 & -2 \\ 0 & 1 \end{pmatrix},$$

因为 $\operatorname{rank}(\boldsymbol{U}) = 2$，所以系统是完全能控的.

例 2.3 说明了系统是完全能控的，但并未给出应该用什么控制去做.

例 2.4　判别受控系统

$$\begin{cases} \dfrac{\mathrm{d}x_1}{\mathrm{d}t} = x_2, \\ \dfrac{\mathrm{d}x_2}{\mathrm{d}t} = x_1 + u, \\ \dfrac{\mathrm{d}x_3}{\mathrm{d}t} = ax_1 + bx_2 + cx_3 \end{cases}$$

的能控性.

解　矩阵

$$\boldsymbol{U} = (\boldsymbol{B}, \boldsymbol{AB}, \boldsymbol{A}^2\boldsymbol{B}) = \begin{pmatrix} 0 & 1 & 0 \\ 1 & 0 & 1 \\ 0 & b & a + bc \end{pmatrix},$$

而矩阵 $\boldsymbol{U}$ 的行列式

$$\det \boldsymbol{U} = -(a + bc),$$

所以，当 $a+bc\neq 0$ 时，该系统是能控的；当 $a+bc=0$ 时，该系统是不能控的.

例 2.5 判别受控系统

$$\begin{cases}\dfrac{dx_1}{dt}=2x_1+x_2+au,\\ \dfrac{dx_2}{dt}=2x_2+bu,\\ \dfrac{dx_3}{dt}=2x_3+cu\end{cases}$$

的能控性.

解 矩阵

$$\boldsymbol{U}=(\boldsymbol{B},\boldsymbol{AB},\boldsymbol{A}^2\boldsymbol{B})=\begin{pmatrix}a & 2a+b & 4a+4b\\ b & 2b & 4b\\ c & 2c & 4c\end{pmatrix},$$

可见，不论 a,b,c 取任何值，矩阵 $\boldsymbol{U}$ 的秩都小于 3，因此该系统是不能控的.

例 2.6 判别受控系统

$$\begin{cases}\dfrac{dx_1}{dt}=x_1+2x_2+u_1,\\ \dfrac{dx_2}{dt}=2x_1+x_2,\\ \dfrac{dx_3}{dt}=x_1+x_3+u_1+u_2\end{cases}$$

的能控性.

解 由于

$$\boldsymbol{U}=(\boldsymbol{B},\boldsymbol{AB},\boldsymbol{A}^2\boldsymbol{B})=\begin{pmatrix}1&0&1&0&5&0\\0&0&2&0&4&0\\1&1&2&1&3&1\end{pmatrix},$$

它的子矩阵

$$\begin{pmatrix}1&0&1\\0&0&2\\1&1&2\end{pmatrix}$$

的秩等于 3，因此该系统是能控的.

当 $m=1$ 时(即单输入情形)，矩阵 $\boldsymbol{B}$ 实际上是一个列向量 $\boldsymbol{b}$，在这种情

况下，由定理 2.1 知，定理 1.1 可重新叙述为

定理 2.2　形如$\frac{\mathrm{d}\boldsymbol{x}}{\mathrm{d}t}=\boldsymbol{A}\boldsymbol{x}+\boldsymbol{b}u$ 的系统能化为规范形$\frac{\mathrm{d}\boldsymbol{w}}{\mathrm{d}t}=\boldsymbol{C}\boldsymbol{x}+\boldsymbol{d}u$ 的充分必要条件是它是完全能控的.

正是因为有定理 2.2 的结论，第一章中的(1.38) 通常叫做能控规范形.

2. 时变控制系统能控性的判断依据

定理 2.1 是判断定常系统能控性的一个判断依据，但对选取什么样的控制才能达到目的并无帮助. 现在我们给出在定常系统和时变系统这两种情形下，这种控制的具体表达式.

定理 2.3（Gram 矩阵判断依据）　时变受控系统 S_1 完全能控的充分必要条件是 $n\times n$ 矩阵

$$\boldsymbol{U}(t_0,t_1)=\int_{t_0}^{t_1}\boldsymbol{\Phi}(t_0,\tau)\boldsymbol{B}(\tau)\boldsymbol{B}^{\mathrm{T}}(\tau)\boldsymbol{\Phi}^{\mathrm{T}}(t_0,\tau)\mathrm{d}\tau \tag{2.12}$$

是非奇异的，其中 $\boldsymbol{\Phi}(t_0,\tau)$ 是系统 S_1 的状态转移矩阵. 此时，控制

$$\boldsymbol{u}(t)=-\boldsymbol{B}^{\mathrm{T}}(t)\boldsymbol{\Phi}^{\mathrm{T}}(t_0,t)\boldsymbol{U}^{-1}(\boldsymbol{x}_0-\boldsymbol{\Phi}(t_0,t_1)\boldsymbol{x}_f),\quad t_0\leqslant t\leqslant t_1, \tag{2.13}$$

将 $\boldsymbol{x}(t_0)=\boldsymbol{x}_0$ 转移到 $\boldsymbol{x}(t_1)=\boldsymbol{x}_f$.

证　充分性. 设 $\boldsymbol{U}(t_0,t_1)$ 是非奇异的，则逆矩阵 $\boldsymbol{U}^{-1}(t_0,t_1)$ 存在，于是(2.13) 所定义的控制函数有意义. 这时直接将(2.13) 代入(2.1) 第一个方程的常数变易公式

$$\boldsymbol{x}(t)=\boldsymbol{\Phi}(t,t_0)\left(\boldsymbol{x}_0+\int_{t_0}^{t}\boldsymbol{\Phi}(t_0,\tau)\boldsymbol{B}(\tau)\boldsymbol{u}(\tau)\mathrm{d}\tau\right),$$

利用性质 $\boldsymbol{\Phi}(t_1,t_0)\boldsymbol{\Phi}(t_0,t_1)=\boldsymbol{I}$，便直接得到 $\boldsymbol{x}(t_1)=\boldsymbol{x}_f$.

必要性. 现证如果 S_1 是完全能控的，则 $\boldsymbol{U}(t_0,t_1)$ 是非奇异的. 注意到，对任意 n 维常数列向量 $\boldsymbol{\alpha}$，以 $\boldsymbol{U}(t_0,t_1)$ 为系数矩阵的二次型

$$\begin{aligned}\boldsymbol{\alpha}^{\mathrm{T}}\boldsymbol{U}\boldsymbol{\alpha}&=\int_{t_0}^{t_1}\boldsymbol{\theta}^{\mathrm{T}}(\tau,t_0)\boldsymbol{\theta}(\tau,t_0)\mathrm{d}\tau\\&=\int_{t_0}^{t_1}\|\boldsymbol{\theta}\|_e^2\mathrm{d}\tau\geqslant 0,\end{aligned} \tag{2.14}$$

这里 $\boldsymbol{\theta}(\tau,t_0)=\boldsymbol{B}^{\mathrm{T}}(\tau)\boldsymbol{\Phi}^{\mathrm{T}}(t_0,\tau)\boldsymbol{\alpha}$，于是矩阵 $\boldsymbol{U}(t_0,t_1)$ 是半正定的.

现假设存在 $\hat{\boldsymbol{\alpha}}\neq\mathbf{0}$，使得 $\hat{\boldsymbol{\alpha}}^{\mathrm{T}}\boldsymbol{U}(t_0,t_1)\hat{\boldsymbol{\alpha}}=0$. 记 $\hat{\boldsymbol{\theta}}=\boldsymbol{B}^{\mathrm{T}}(\tau)\boldsymbol{\Phi}^{\mathrm{T}}(t_0,\tau)\hat{\boldsymbol{\alpha}}$，则由(2.14)得

$$\int_{t_0}^{t_1}\|\hat{\boldsymbol{\theta}}\|_e^2\mathrm{d}\tau=0.$$

由范数的定义便知 $\hat{\boldsymbol{\theta}}(\tau,t_0)\equiv\mathbf{0}$，$t_0\leqslant\tau\leqslant t_1$.

然而，由于假设系统 S_1 是完全能控的，所以对 $\boldsymbol{x}(t_0)=\hat{\boldsymbol{\alpha}}$，存在控制 $\boldsymbol{v}(t)$，使 $\boldsymbol{x}(t_1)=\mathbf{0}$. 因此由(2.3)，得

$$\hat{\boldsymbol{\alpha}}=-\int_{t_0}^{t_1}\boldsymbol{\Phi}(t_0,\tau)\boldsymbol{B}(\tau)\boldsymbol{v}(\tau)\mathrm{d}\tau.$$

于是

$$\begin{aligned}\|\hat{\boldsymbol{\alpha}}\|_e^2&=\hat{\boldsymbol{\alpha}}^{\mathrm{T}}\hat{\boldsymbol{\alpha}}\\&=-\int_{t_0}^{t_1}\boldsymbol{v}^{\mathrm{T}}(\tau)\boldsymbol{B}^{\mathrm{T}}(\tau)\boldsymbol{\Phi}^{\mathrm{T}}(t_0,\tau)\hat{\boldsymbol{\alpha}}\mathrm{d}\tau\\&=-\int_{t_0}^{t_1}\boldsymbol{v}^{\mathrm{T}}(\tau)\hat{\boldsymbol{\theta}}(\tau,t_0)\mathrm{d}\tau\\&=0,\end{aligned}$$

这与假设 $\hat{\boldsymbol{\alpha}}\neq\mathbf{0}$ 矛盾. 因此 $\boldsymbol{U}(t_0,t_1)$ 是正定的，从而是非奇异的. □

(2.12)所定义的矩阵 $\boldsymbol{U}(t_0,t_1)$ 叫做 **Gram 矩阵**.

例 2.7 设 $t_0=0$，试判断时变系统

$$\frac{\mathrm{d}}{\mathrm{d}t}\begin{pmatrix}x_1\\x_2\end{pmatrix}=\begin{pmatrix}0&t\\0&0\end{pmatrix}\begin{pmatrix}x_1\\x_2\end{pmatrix}+\begin{pmatrix}0\\1\end{pmatrix}u$$

的完全能控性.

解 系数矩阵 $\boldsymbol{A}(t)=\begin{pmatrix}0&t\\0&0\end{pmatrix}$ 是一个约当块，且

$$\int_0^{\tau}\boldsymbol{A}(t)\mathrm{d}t=\int_0^{\tau}\begin{pmatrix}0&t\\0&0\end{pmatrix}\mathrm{d}t=\begin{pmatrix}0&\frac{\tau^2}{2}\\0&0\end{pmatrix},$$

$$\int_0^{\tau}\boldsymbol{A}(t)\left(\int_0^{t}\boldsymbol{A}(s)\mathrm{d}s\right)\mathrm{d}t=\int_0^{\tau}\begin{pmatrix}0&t\\0&0\end{pmatrix}\begin{pmatrix}0&\frac{t^2}{2}\\0&0\end{pmatrix}\mathrm{d}t=\begin{pmatrix}0&0\\0&0\end{pmatrix},$$

于是

$$\boldsymbol{\Phi}(\tau,0)=\begin{pmatrix}1&0\\0&1\end{pmatrix}+\begin{pmatrix}0&\frac{\tau^2}{2}\\0&0\end{pmatrix}=\begin{pmatrix}1&\frac{\tau^2}{2}\\0&1\end{pmatrix},$$

$$\boldsymbol{\Phi}(0,\tau)=\boldsymbol{\Phi}^{-1}(\tau,0)=\begin{bmatrix}1 & -\frac{\tau^2}{2}\\ 0 & 1\end{bmatrix},$$

以及

$$\begin{aligned}&\int_0^{t_1}\boldsymbol{\Phi}(0,\tau)\boldsymbol{B}(\tau)\boldsymbol{B}^{\mathrm{T}}(\tau)\boldsymbol{\Phi}^{\mathrm{T}}(0,\tau)\mathrm{d}\tau\\&=\int_0^{t_1}\begin{bmatrix}1 & -\frac{\tau^2}{2}\\ 0 & 1\end{bmatrix}\begin{bmatrix}0\\1\end{bmatrix}(0,1)\begin{bmatrix}1 & 0\\ -\frac{\tau^2}{2} & 1\end{bmatrix}\mathrm{d}\tau\\&=\begin{bmatrix}\frac{1}{20}{t_1}^5 & -\frac{1}{6}{t_1}^3\\ -\frac{1}{6}{t_1}^3 & t_1\end{bmatrix}.\end{aligned}$$

可见，当 $t_1>0$ 时，Gram 矩阵满秩，系统是完全能控的.

由定理2.3可以看出系统 S_1 的能控性与矩阵 $\boldsymbol{C}$ 无关，因此我们通常将系统 S_1 能控说成矩阵对 $[\boldsymbol{A},\boldsymbol{B}]$ 能控.

由(2.13) 给出的控制函数 $\boldsymbol{u}(t)$ 将系统的状态由 $(\boldsymbol{x}_0,t_0)$ 转移到 $(\boldsymbol{x}_f,t_1)$. 计算(2.13) 中的 $\boldsymbol{u}(t)$ 需要计算状态转移矩阵 $\boldsymbol{\Phi}(t_0,t)$ 和(2.12) 所给出的能控性矩阵. 对于定常系统来说，这种计算尽管冗长但并不困难.

当然，除了(2.13) 给出的控制函数 $\boldsymbol{u}(t)$ 之外，一般来说还有别的控制函数 $\hat{\boldsymbol{u}}(t)$ 也可将 $(\boldsymbol{x}_0,t_0)$ 转移到 $(\boldsymbol{x}_f,t_1)$，但(2.13) 给出的控制函数 $\boldsymbol{u}(t)$ 有一个重要性质.

定理 2.4　如果 $\hat{\boldsymbol{u}}(t)$ 是另一个将 $(\boldsymbol{x}_0,t_0)$ 转移到 $(\boldsymbol{x}_f,t_1)$ 的控制，则

$$\int_{t_0}^{t_1}\|\hat{\boldsymbol{u}}(\tau)\|_e^2\mathrm{d}\tau>\int_{t_0}^{t_1}\|\boldsymbol{u}(\tau)\|_e^2\mathrm{d}\tau,$$

这里 $\boldsymbol{u}(\tau)$ 由(2.13) 给出，且 $\hat{\boldsymbol{u}}$ 不恒等于 $\boldsymbol{u}$，$\|\hat{\boldsymbol{u}}(\tau)\|_e$ 是向量 $\hat{\boldsymbol{u}}(\tau)$ 的欧几里得范数.

证　因为 $\boldsymbol{u}$ 和 $\hat{\boldsymbol{u}}$ 都可使(2.3) 满足，代入后两式相减，得

$$\int_{t_0}^{t_1}\boldsymbol{\Phi}(t_0,\tau)\boldsymbol{B}(\tau)(\hat{\boldsymbol{u}}(\tau)-\boldsymbol{u}(\tau))\mathrm{d}\tau=\boldsymbol{0}.$$

上式左乘

$$(\boldsymbol{x}_0-\boldsymbol{\Phi}(t_0,t_1)\boldsymbol{x}_f)^{\mathrm{T}}(\boldsymbol{U}^{-1}(t_0,t_1))^{\mathrm{T}}$$

并利用(2.13)，得

$$\int_{t_0}^{t_1} \boldsymbol{u}^{\mathrm{T}}(\tau)(\boldsymbol{u}(\tau)-\hat{\boldsymbol{u}}(\tau))\mathrm{d}\tau = 0. \tag{2.15}$$

因此

$$\begin{aligned}\int_{t_0}^{t_1} (\boldsymbol{u}-\hat{\boldsymbol{u}})^{\mathrm{T}}(\boldsymbol{u}-\hat{\boldsymbol{u}})\mathrm{d}\tau &= \int_{t_0}^{t_1} (\|\hat{\boldsymbol{u}}\|_e^2 + \|\boldsymbol{u}\|_e^2 - 2\boldsymbol{u}^{\mathrm{T}}\hat{\boldsymbol{u}})\mathrm{d}\tau \\ &= \int_{t_0}^{t_1} (\|\hat{\boldsymbol{u}}\|_e^2 - \|\boldsymbol{u}\|_e^2)\mathrm{d}\tau,\end{aligned}$$

故

$$\int_{t_0}^{t_1} \|\hat{\boldsymbol{u}}\|_e^2 \mathrm{d}\tau = \int_{t_0}^{t_1} (\|\boldsymbol{u}\|_e^2 + \|\boldsymbol{u}-\hat{\boldsymbol{u}}\|_e^2)\mathrm{d}\tau > \int_{t_0}^{t_1} \|\boldsymbol{u}\|_e^2 \mathrm{d}\tau.$$

证毕. □

这一定理的结论可以理解为控制(2.13)在使积分

$$\int_{t_0}^{t_1} \|\boldsymbol{u}\|_e^2 \mathrm{d}\tau = \int_{t_0}^{t_1} ({u_1}^2 + {u_2}^2 + \cdots + {u_m}^2)\mathrm{d}\tau$$

最小的意义下是“最优”的. 这种积分是控制函数能量的一种度量.

3. 不完全能控的时变控制系统能控性的判断依据

如果系统不是完全能控的，也不能称为“不能控系统”. 因为根据“完全能控”的定义，若一个系统不是完全能控的，仅表明系统的某些状态(不是全部状态)无论用什么控制都不能达到. 在这种情况下，定理2.3中的矩阵$\boldsymbol{U}(t_0, t_1)$是奇异矩阵. 这时，我们可以修改定理2.3的证明，使那些通过控制能够达到的目标仍然能够达到.

定理2.5 对给定的$\boldsymbol{x}_f$，如果存在一个n维常数列向量$\boldsymbol{\gamma}$，使得

$$\boldsymbol{U}(t_0, t_1)\boldsymbol{\gamma} = \boldsymbol{x}_0 - \boldsymbol{\Phi}(t_0, t_1)\boldsymbol{x}_f, \tag{2.16}$$

则在控制

$$\boldsymbol{u}(t) = -\boldsymbol{B}^{\mathrm{T}}(t)\boldsymbol{\Phi}^{\mathrm{T}}(t_0, t)\boldsymbol{\gamma}$$

的作用下，受控系统(2.1)的状态可由$\boldsymbol{x}(t_0)=\boldsymbol{x}_0$转移到$\boldsymbol{x}(t_1)=\boldsymbol{x}_f$.

证 将给出的控制代入(2.1)第一个方程的常数变易公式

$$\boldsymbol{x}(t) = \boldsymbol{\Phi}(t, t_0)\left(\boldsymbol{x}_0 + \int_{t_0}^{t} \boldsymbol{\Phi}(t_0, \tau)\boldsymbol{B}(\tau)\boldsymbol{u}(\tau)\mathrm{d}\tau\right),$$

并取$t = t_1$，得

$$\boldsymbol{x}(t_1) = \boldsymbol{\Phi}(t_1, t_0)\left(\boldsymbol{x}_0 - \int_{t_0}^{t_1} \boldsymbol{\Phi}(t_0, \tau)\boldsymbol{B}(\tau)\boldsymbol{B}^{\mathrm{T}}(\tau)\boldsymbol{\Phi}^{\mathrm{T}}(t_0, \tau)\boldsymbol{\gamma}\,\mathrm{d}\tau\right)$$

$$
\begin{aligned}
&= \boldsymbol{\Phi}(t_1, t_0)(\boldsymbol{x}_0 - \boldsymbol{U}(t_0, t_1)\boldsymbol{\gamma}) \\
&= \boldsymbol{\Phi}(t_1, t_0)\boldsymbol{\Phi}(t_0, t_1)\boldsymbol{x}_f \\
&= \boldsymbol{x}_f.
\end{aligned}
$$

证毕. □

当 S_1 是完全能控系统时，$\boldsymbol{U}$ 是非奇异矩阵，由定理 2.5 给出的控制 $\boldsymbol{u}(t)$ 和(2.13) 是一致的.

4. 代数等价系统的能控性

设 $\boldsymbol{P}(t)$ 是一个 $n\times n$ 矩阵，对所有 $t\geqslant t_0$ 该矩阵是非奇异的和连续的. 通过变换

$$\hat{\boldsymbol{x}}(t) = \boldsymbol{P}(t)\boldsymbol{x}(t), \tag{2.17}$$

由系统 S_1 可得到系统 S_2：

$$
\begin{cases}
\dfrac{\mathrm{d}\hat{\boldsymbol{x}}}{\mathrm{d}t} = \hat{\boldsymbol{A}}(t)\hat{\boldsymbol{x}}(t) + \hat{\boldsymbol{B}}(t)\boldsymbol{u}(t), \\
\boldsymbol{y} = \hat{\boldsymbol{C}}(t)\hat{\boldsymbol{x}}(t),
\end{cases} \tag{2.18}
$$

通常称系统 S_2 **代数等价**于 S_1.

定理 2.6 如果系统 S_1 的状态转移矩阵是 $\boldsymbol{\Phi}(t,t_0)$，则系统 S_2 的状态转移矩阵是

$$\hat{\boldsymbol{\Phi}}(t,t_0) = \boldsymbol{P}(t)\boldsymbol{\Phi}(t,t_0)\boldsymbol{P}^{-1}(t_0).$$

证 由常微分方程理论知，$\boldsymbol{\Phi}(t,t_0)$ 满足

$$
\begin{cases}
\dfrac{\mathrm{d}\boldsymbol{\Phi}(t,t_0)}{\mathrm{d}t} = \boldsymbol{A}(t)\boldsymbol{\Phi}(t,t_0), \\
\boldsymbol{\Phi}(t_0,t_0) = \boldsymbol{I},
\end{cases}
$$

而且满足上面初值问题的矩阵 $\boldsymbol{\Phi}(t,t_0)$ 是唯一的，且是非奇异的. 对于矩阵 $\hat{\boldsymbol{\Phi}}(t,t_0)$，显然有 $\hat{\boldsymbol{\Phi}}(t_0,t_0) = \boldsymbol{I}$. 对(2.17) 两边求导，并利用(2.1)，得

$$
\begin{aligned}
\frac{\mathrm{d}\hat{\boldsymbol{x}}}{\mathrm{d}t} &= \frac{\mathrm{d}\boldsymbol{P}}{\mathrm{d}t}\boldsymbol{x} + \boldsymbol{P}\frac{\mathrm{d}\boldsymbol{x}}{\mathrm{d}t} = \left(\frac{\mathrm{d}\boldsymbol{P}}{\mathrm{d}t} + \boldsymbol{PA}\right)\boldsymbol{x} + \boldsymbol{PBu} \\
&= \left(\frac{\mathrm{d}\boldsymbol{P}}{\mathrm{d}t} + \boldsymbol{PA}\right)\boldsymbol{P}^{-1}\hat{\boldsymbol{x}} + \boldsymbol{PBu}.
\end{aligned} \tag{2.19}
$$

为完成本定理的证明，需验证 $\hat{\boldsymbol{\Phi}}$ 是(2.19) 的转移矩阵，即

$$
\begin{aligned}
&\frac{\mathrm{d}}{\mathrm{d}t}(\boldsymbol{P}(t)\boldsymbol{\Phi}(t,t_0)\boldsymbol{P}^{-1}(t_0)) \\
&\qquad = \left[\left(\frac{\mathrm{d}\boldsymbol{P}}{\mathrm{d}t} + \boldsymbol{P}(t)\boldsymbol{A}(t)\right)\boldsymbol{P}^{-1}(t)\right]\boldsymbol{P}(t)\boldsymbol{\Phi}(t,t_0)\boldsymbol{P}^{-1}(t_0).
\end{aligned}
$$

关于这一点留作习题. □

状态变量之间的变换(2.17)的一个重要性质是它保持了系统的能控性.

定理 2.7 如果系统 S_1 是完全能控的，则系统 S_2 也是完全能控的.

证 由(2.19)知，系统 S_2 的系数矩阵是

$$\hat{\boldsymbol{A}}(t)=\left(\frac{\mathrm{d}\boldsymbol{P}}{\mathrm{d}t}+\boldsymbol{P}(t)\boldsymbol{A}(t)\right)\boldsymbol{P}^{-1}(t),\quad \hat{\boldsymbol{B}}(t)=\boldsymbol{P}(t)\boldsymbol{B}(t),\tag{2.20}$$

因此，系统 S_2 的由(2.12)给出的 Gram 矩阵是

$$\begin{aligned}\hat{\boldsymbol{U}}(t_0,t_1)&=\int_{t_0}^{t_1}\hat{\boldsymbol{\Phi}}(t_0,\tau)\hat{\boldsymbol{B}}(\tau)\hat{\boldsymbol{B}}^{\mathrm{T}}(\tau)\hat{\boldsymbol{\Phi}}^{\mathrm{T}}(t_0,\tau)\mathrm{d}\tau\\&=\int_{t_0}^{t_1}[\boldsymbol{P}(t_0)\boldsymbol{\Phi}(t_0,\tau)\boldsymbol{P}^{-1}(\tau)\boldsymbol{P}(\tau)\boldsymbol{B}(\tau)\boldsymbol{B}^{\mathrm{T}}(\tau)\\&\qquad\boldsymbol{P}^{\mathrm{T}}(\tau)(\boldsymbol{P}^{-1}(\tau))^{\mathrm{T}}\boldsymbol{\Phi}^{\mathrm{T}}(t_0,\tau)\boldsymbol{P}^{\mathrm{T}}(t_0)]\mathrm{d}\tau\\&=\boldsymbol{P}(t_0)\boldsymbol{U}(t_0,t_1)\boldsymbol{P}^{\mathrm{T}}(t_0).\end{aligned}\tag{2.21}$$

因为(2.21)中的矩阵 $\boldsymbol{U}$ 和 $\boldsymbol{P}(t_0)$ 都是满秩的，所以 $\hat{\boldsymbol{U}}$ 是非奇异的. □

5. 定常系统的系统分解

若 $\boldsymbol{A}$,$\boldsymbol{B}$ 和 $\boldsymbol{C}$ 都是常数矩阵，$\boldsymbol{P}$ 也是常数矩阵，这时(2.17)在定常系统之间定义了一个等价变换. 在这种情况下，有下列关于系统分解的重要结果.

定理 2.8 设 S_1 是定常系统，如果(2.5)所定义的能控性矩阵 $\boldsymbol{U}$ 的秩为 $\mathrm{rank}(\boldsymbol{U})=n_1<n$，则 S_1 存在形如

$$\frac{\mathrm{d}}{\mathrm{d}t}\begin{bmatrix}\boldsymbol{x}^{(1)}\\\boldsymbol{x}^{(2)}\end{bmatrix}=\begin{bmatrix}\boldsymbol{A}_1&\boldsymbol{A}_2\\\boldsymbol{O}&\boldsymbol{A}_3\end{bmatrix}\begin{bmatrix}\boldsymbol{x}^{(1)}\\\boldsymbol{x}^{(2)}\end{bmatrix}+\begin{bmatrix}\boldsymbol{B}_1\\\boldsymbol{O}\end{bmatrix}\boldsymbol{u}\tag{2.22}$$

的代数等价系统，这里 $\boldsymbol{x}^{(1)}$,$\boldsymbol{x}^{(2)}$ 分别是 n_1 维和 $n-n_1$ 维列向量，且系统 $[\boldsymbol{A}_1,\boldsymbol{B}_1]$ 是完全能控的.

这一定理的证明将放在定理 2.20 的证明之后给出，在那里可同时给出变换矩阵 $\boldsymbol{P}$ 的明确表达式.

在(2.22)中，状态空间被分成了两个部分，一部分是完全能控的，另一部分是不能控的.

利用定理 2.8，我们可以证明定常系统能控性的又一个判断依据.

定理 2.9（PBH 秩判断依据） 定常系统$[\boldsymbol{A},\boldsymbol{B}]$完全能控的充分必要条件是：对$\boldsymbol{A}$的每个特征值$\lambda$，都有$\text{rank}(\lambda\boldsymbol{I}-\boldsymbol{A},\boldsymbol{B})=n$.

证 必要性. 用反证法. 对于矩阵$\boldsymbol{A}$的任一特征值λ，若$\text{rank}(\lambda\boldsymbol{I}-\boldsymbol{A},\boldsymbol{B})<n$，则存在复数元素的列向量$\boldsymbol{x}\in\mathbf{C}^n$，$\boldsymbol{x}\neq\boldsymbol{0}$，使得

$$\boldsymbol{x}^{\mathrm{T}}(\lambda\boldsymbol{I}-\boldsymbol{A},\boldsymbol{B})=\boldsymbol{0}. \tag{2.23}$$

于是

$$\boldsymbol{x}^{\mathrm{T}}\boldsymbol{A}=\lambda\boldsymbol{x}^{\mathrm{T}},\quad \boldsymbol{x}^{\mathrm{T}}\boldsymbol{B}=\boldsymbol{0},$$

所以

$$\boldsymbol{x}^{\mathrm{T}}\boldsymbol{AB}=\lambda\boldsymbol{x}^{\mathrm{T}}\boldsymbol{B}=\boldsymbol{0},\quad \boldsymbol{x}^{\mathrm{T}}\boldsymbol{A}^2\boldsymbol{B}=\lambda\boldsymbol{x}^{\mathrm{T}}\boldsymbol{AB}=\boldsymbol{0},\quad \cdots,\quad \boldsymbol{x}^{\mathrm{T}}\boldsymbol{A}^{n-1}\boldsymbol{B}=\boldsymbol{0},$$

即

$$\boldsymbol{x}^{\mathrm{T}}(\boldsymbol{B},\boldsymbol{AB},\boldsymbol{A}^2\boldsymbol{B},\cdots,\boldsymbol{A}^{n-1}\boldsymbol{B})=\boldsymbol{0}.$$

因此

$$\text{rank}(\boldsymbol{B},\boldsymbol{AB},\boldsymbol{A}^2\boldsymbol{B},\cdots,\boldsymbol{A}^{n-1}\boldsymbol{B})<n,$$

这就推出$[\boldsymbol{A},\boldsymbol{B}]$不是完全能控的. 这就证明了：若$[\boldsymbol{A},\boldsymbol{B}]$是完全能控的，则必有$\text{rank}(\lambda\boldsymbol{I}-\boldsymbol{A},\boldsymbol{B})=n$.

充分性. 设$\text{rank}(\boldsymbol{B},\boldsymbol{AB},\boldsymbol{A}^2\boldsymbol{B},\cdots,\boldsymbol{A}^{n-1}\boldsymbol{B})<n$，即系统$[\boldsymbol{A},\boldsymbol{B}]$不是完全能控的，由定理 2.8 知存在可逆线性变换$\boldsymbol{x}=\boldsymbol{Py}$，使

$$\boldsymbol{P}^{-1}\boldsymbol{AP}=\hat{\boldsymbol{A}}=\begin{pmatrix}\boldsymbol{A}_1 & \boldsymbol{A}_2\\ \boldsymbol{O} & \boldsymbol{A}_3\end{pmatrix},\quad \boldsymbol{P}^{-1}\boldsymbol{B}=\begin{pmatrix}\boldsymbol{B}_1\\ \boldsymbol{O}\end{pmatrix}.$$

从而(2.23)成为

$$\begin{pmatrix}\boldsymbol{y}_1\\ \boldsymbol{y}_2\end{pmatrix}^{\mathrm{T}}\left(\begin{pmatrix}\lambda\boldsymbol{I}-\boldsymbol{A}_1 & -\boldsymbol{A}_2\\ \boldsymbol{O} & \lambda\boldsymbol{I}-\boldsymbol{A}_3\end{pmatrix},\begin{pmatrix}\boldsymbol{B}_1\boldsymbol{P}\\ \boldsymbol{O}\end{pmatrix}\right)=\boldsymbol{0}. \tag{2.24}$$

由此可见，若取λ为$\boldsymbol{A}_3$的特征值，$\boldsymbol{y}_2\neq\boldsymbol{0}$为相应的特征向量，则$\boldsymbol{y}=\begin{pmatrix}\boldsymbol{0}\\ \boldsymbol{y}_2\end{pmatrix}\neq\boldsymbol{0}$使(2.24)成立. 于是$\boldsymbol{x}=(\boldsymbol{P}^{\mathrm{T}})^{-1}\boldsymbol{y}\neq\boldsymbol{0}$使

$$\boldsymbol{x}^{\mathrm{T}}((\lambda\boldsymbol{I}-\boldsymbol{A})\boldsymbol{P},\boldsymbol{BP})=\boldsymbol{0},$$

这就推出$\text{rank}((\lambda\boldsymbol{I}-\boldsymbol{A})\boldsymbol{P},\boldsymbol{BP})<n$，从而$\text{rank}(\lambda\boldsymbol{I}-\boldsymbol{A},\boldsymbol{B})<n$. □

推论 2.2 定常系统$[\boldsymbol{A},\boldsymbol{B}]$完全能控的充分必要条件是：对每个复数$\lambda$，都有$\text{rank}(\lambda\boldsymbol{I}-\boldsymbol{A},\boldsymbol{B})=n$.

证 当λ不是$\boldsymbol{A}$的特征值时，显然有$\text{rank}(\lambda\boldsymbol{I}-\boldsymbol{A},\boldsymbol{B})=n$，故定理的结论成立. □

例 2.8 试判断系统

$$\frac{\mathrm{d}}{\mathrm{d}t}\begin{pmatrix}x_1\\x_2\\x_3\end{pmatrix}=\begin{pmatrix}1&3&2\\0&2&0\\0&1&3\end{pmatrix}\begin{pmatrix}x_1\\x_2\\x_3\end{pmatrix}+\begin{pmatrix}2&1\\1&1\\-1&-1\end{pmatrix}\boldsymbol{u}$$

的能控性.

解 由方程 $|\lambda\boldsymbol{I}-\boldsymbol{A}|=0$ 解得 $\lambda_1=1, \lambda_2=2, \lambda_3=3$. 对特征值 $\lambda_1=1$, 有

$$\operatorname{rank}(\lambda_1\boldsymbol{I}-\boldsymbol{A},\boldsymbol{B})=\operatorname{rank}\begin{bmatrix}0&-3&-2&2&1\\0&-1&0&1&1\\0&-1&-2&-1&-1\end{bmatrix}=3=n;$$

对特征值 $\lambda_2=2$, 有

$$\operatorname{rank}(\lambda_2\boldsymbol{I}-\boldsymbol{A},\boldsymbol{B})=\operatorname{rank}\begin{bmatrix}1&-3&-2&2&1\\0&0&0&1&1\\0&-1&-1&-1&-1\end{bmatrix}=3=n;$$

对特征值 $\lambda_3=3$, 有

$$\operatorname{rank}(\lambda_3\boldsymbol{I}-\boldsymbol{A},\boldsymbol{B})=\operatorname{rank}\begin{bmatrix}2&-3&-2&2&1\\0&1&0&1&1\\0&-1&0&-1&-1\end{bmatrix}=2<n.$$

于是, 由定理 2.9 知, 该系统是不完全能控的.

2.2 能 观 性

与能控性有密切关系的一个概念是能观性. 一般而言, 所谓能观就是仅靠输出就可决定系统的状态. 在给定了系统的状态空间描述后, 系统的运动特性在输入给定的条件下, 完全取决于系统的初始状态. 而状态变量是系统的一个内部变量, 能否通过系统的输入、输出这一对外部变量来确定系统的初始状态呢? 这就是系统的能观性问题所研究的内容. 如果系统内部所有状态变量的任意运动形式均可由输出完全地反映出来, 则称系统为**完全能观的**. 否则, 就称系统为**不完全能观的或不能观的**.

定义 2.2 考虑系统(2.1):

$$\begin{cases}\dfrac{\mathrm{d}\boldsymbol{x}}{\mathrm{d}t}=\boldsymbol{A}(t)\boldsymbol{x}(t)+\boldsymbol{B}(t)\boldsymbol{u}(t),\\ \boldsymbol{y}=\boldsymbol{C}(t)\boldsymbol{x}(t),\end{cases}$$

如果对任意 t_0 和初始状态 $\boldsymbol{x}(t_0)=\boldsymbol{x}_0$，存在有限时刻 $t_1>t_0$，使得由 $\boldsymbol{u}(t)$，$\boldsymbol{y}(t)$ $(t_0<t<t_1)$ 可唯一地决定 $\boldsymbol{x}_0$，则称系统 S_1 是**完全能观的**.

由(1.18)知，系统(2.1)的状态方程的解的表达式为

$$\boldsymbol{x}(t)=\boldsymbol{\Phi}(t,t_0)\boldsymbol{x}_0+\int_{t_0}^{t}\boldsymbol{\Phi}(t,\tau)\boldsymbol{B}(\tau)\boldsymbol{u}(\tau)\mathrm{d}\tau,$$

代入(2.1)，得(1.19)，即输出响应为

$$\boldsymbol{y}(t)=\boldsymbol{C}(t)\boldsymbol{\Phi}(t,t_0)\boldsymbol{x}_0+\boldsymbol{C}(t)\int_{t_0}^{t}\boldsymbol{\Phi}(t,\tau)\boldsymbol{B}(\tau)\boldsymbol{u}(\tau)\mathrm{d}\tau.$$

在研究能观性问题时，输出 $\boldsymbol{y}$ 和输入 $\boldsymbol{u}$ 都假定是已知的，只有初始状态 $\boldsymbol{x}_0$ 是未知的，故若定义

$$\tilde{\boldsymbol{y}}(t)=\boldsymbol{y}(t)-\boldsymbol{C}(t)\int_{t_0}^{t}\boldsymbol{\Phi}(t,\tau)\boldsymbol{B}(\tau)\boldsymbol{u}(\tau)\mathrm{d}\tau, \tag{2.25}$$

则有

$$\tilde{\boldsymbol{y}}(t)=\boldsymbol{C}(t)\boldsymbol{\Phi}(t,t_0)\boldsymbol{x}_0. \tag{2.26}$$

这表明，所谓能观性即是研究 $\boldsymbol{x}_0$ 可由 $\tilde{\boldsymbol{y}}(t)$ 唯一确定的特性. 而上式说明 $\tilde{\boldsymbol{y}}(t)$ 是零输入系统

$$\begin{cases}\dfrac{\mathrm{d}\boldsymbol{x}}{\mathrm{d}t}=\boldsymbol{A}(t)\boldsymbol{x}(t), \quad \boldsymbol{x}(t_0)=\boldsymbol{x}_0,\\ \boldsymbol{y}=\boldsymbol{C}(t)\boldsymbol{x}(t)\end{cases} \tag{2.27}$$

的输出.

可见，研究一般控制系统(2.1)的能观性时，如果假设 $\boldsymbol{u}(t)\equiv\boldsymbol{0}$，$t_0\leqslant t\leqslant t_1$，并不会失去一般性.

例 2.9　试讨论系统

$$\begin{cases}\dfrac{\mathrm{d}x_1}{\mathrm{d}t}=a_1x_1+b_1u,\\ \dfrac{\mathrm{d}x_2}{\mathrm{d}t}=a_2x_2+b_2u,\\ y=x_1\end{cases}$$

的能观性.

解　由第一个方程可以看出，输出 $y(t)=x_1(t)$ 完全被 $u(t)$ 和 $x_1(t_0)$ 所决定，所以通过输出不可能决定 $x_2(t_0)$，因此系统是不能观的.

在例 2.9 中，利用定理 2.1 易见当 $a_1\neq a_2$，$b_1\neq 0$，$b_2\neq 0$ 时，系统是完全能控的.

1. 时变系统的能观性判断依据

与能控性的一般判断依据定理 2.3 相对应，有下列结论.

定理 2.10（Gram 矩阵判断依据） 系统 S_1 完全能观的充分必要条件是：矩阵

$$\boldsymbol{V}(t_0,t_1)=\int_{t_0}^{t_1}\boldsymbol{\Phi}^{\mathrm{T}}(\tau,t_0)\boldsymbol{C}^{\mathrm{T}}(\tau)\boldsymbol{C}(\tau)\boldsymbol{\Phi}(\tau,t_0)\mathrm{d}\tau \tag{2.28}$$

是非奇异的，这里 $\boldsymbol{\Phi}$ 是系统 S_1 的状态转移矩阵.

证 充分性. 在(2.1)中设 $\boldsymbol{u}(t)\equiv\boldsymbol{0}$，$t_0\leqslant t\leqslant t_1$，则

$$\boldsymbol{y}(t)=\boldsymbol{C}(t)\boldsymbol{\Phi}(t,t_0)\boldsymbol{x}_0. \tag{2.29}$$

上式左乘 $\boldsymbol{\Phi}^{\mathrm{T}}(t,t_0)\boldsymbol{C}^{\mathrm{T}}(t)$，然后关于 t 积分，得

$$\int_{t_0}^{t_1}\boldsymbol{\Phi}^{\mathrm{T}}(\tau,t_0)\boldsymbol{C}^{\mathrm{T}}(\tau)\boldsymbol{y}(\tau)\mathrm{d}\tau=\boldsymbol{V}(t_0,t_1)\boldsymbol{x}_0.$$

如果 $\boldsymbol{V}(t_0,t_1)$ 是非奇异的，则初始状态为

$$\boldsymbol{x}_0=\boldsymbol{V}^{-1}(t_0,t_1)\int_{t_0}^{t_1}\boldsymbol{\Phi}^{\mathrm{T}}(\tau,t_0)\boldsymbol{C}^{\mathrm{T}}(\tau)\boldsymbol{y}(\tau)\mathrm{d}\tau, \tag{2.30}$$

于是，系统 S_1 是完全能观的.

必要性. 现假定 S_1 是完全能观的. 类似于定理 2.3 必要性的证明，设 $\boldsymbol{\alpha}$ 是任意 n 维列向量，则以 $\boldsymbol{V}(t_0,t_1)$ 为系数矩阵的二次型

$$\boldsymbol{\alpha}^{\mathrm{T}}\boldsymbol{V}\boldsymbol{\alpha}=\int_{t_0}^{t_1}(\boldsymbol{C}(\tau)\boldsymbol{\Phi}(\tau,t_0)\boldsymbol{\alpha})^{\mathrm{T}}(\boldsymbol{C}(\tau)\boldsymbol{\Phi}(\tau,t_0)\boldsymbol{\alpha})\mathrm{d}\tau\geqslant 0,$$

于是 $\boldsymbol{V}(t_0,t_1)$ 是半正定的. 现假定存在非零向量 $\hat{\boldsymbol{\alpha}}$，使得 $\hat{\boldsymbol{\alpha}}^{\mathrm{T}}\boldsymbol{V}\hat{\boldsymbol{\alpha}}=0$，类似于定理 2.3 的证明，我们得到

$$\boldsymbol{C}(\tau)\boldsymbol{\Phi}(\tau,t_0)\hat{\boldsymbol{\alpha}}\equiv\boldsymbol{0},\quad t_0\leqslant\tau\leqslant t_1.$$

由(2.29)，这意味着当取 $\boldsymbol{x}_0=\hat{\boldsymbol{\alpha}}$ 时，输出 $\boldsymbol{y}(t)$ 在时间区间 $[t_0,t_1]$ 上恒等于零，于是 $\boldsymbol{x}_0$ 不能被输出 $\boldsymbol{y}$ 唯一决定. 这与 S_1 完全能观的假设相矛盾. 因此 $\boldsymbol{V}(t_0,t_1)$ 是正定的，故是非奇异的. □

由(2.28)所定义的矩阵 $\boldsymbol{V}$ 叫做 **Gram 矩阵**.

当 S_1 完全能观时，(2.30)给出了由输出、状态转移矩阵和观测矩阵表示初始状态 $\boldsymbol{x}_0$ 的具体表达式.

2. 对偶原理

因为系统 S_1 的能观性与矩阵 $\boldsymbol{B}$ 无关，我们通常将 S_1 的能观性称为系

统$[\boldsymbol{A},\boldsymbol{C}]$的能观性.

在习题 1.1 中已经看到，如果$\boldsymbol{\Phi}(t_0,t)$是以$\boldsymbol{A}(t)$为系数矩阵的线性系统的状态转移矩阵，则$\boldsymbol{\Phi}^{\mathrm{T}}(t_0,t)$是以$-\boldsymbol{A}^{\mathrm{T}}(t)$为系数矩阵的线性系统的状态转移矩阵.

比较(2.12)和(2.28)我们发现，能控性矩阵(2.12)与对应于$[-\boldsymbol{A}^{\mathrm{T}}(t),\boldsymbol{B}(t)]$的由(2.28)表示的能观性矩阵恰好相同. 反之，能观性矩阵(2.28)与对应于$[-\boldsymbol{A}^{\mathrm{T}}(t),\boldsymbol{C}^{\mathrm{T}}(t)]$的由(2.12)表示的能控性矩阵恰好相同. 这样，我们有

定理 2.11（对偶原理）　由(2.1)给出的控制系统S_1完全能控的充分必要条件是：系统

$$\begin{cases}\dfrac{\mathrm{d}\boldsymbol{x}(t)}{\mathrm{d}t}=-\boldsymbol{A}^{\mathrm{T}}(t)\boldsymbol{x}(t)+\boldsymbol{C}^{\mathrm{T}}(t)\boldsymbol{u}(t),\\ \boldsymbol{y}(t)=\boldsymbol{B}^{\mathrm{T}}(t)\boldsymbol{x}(t)\end{cases}\tag{2.31}$$

是完全能观的，反之亦真.

系统(2.31)叫做(2.1)的**对偶系统**.

若矩阵的元素含有复数，则将(2.31)中的转置矩阵换为共轭转置矩阵即可.

这个对偶原理非常有用，因为该定理使我们能由能控性结果立即得出相应的能观性，反之亦然.

3. 定常系统的能观性的代数判断依据

根据对偶原理，为获得定常系统的能观性判断依据，我们只需把定理 2.1 应用到系统(2.31)就得到

定理 2.12　设$\boldsymbol{A}$,$\boldsymbol{B}$和$\boldsymbol{C}$都是定常的，系统S_1完全能观的充分必要条件是：$nr\times n$能观性矩阵

$$\boldsymbol{V}=\begin{pmatrix}\boldsymbol{C}\\ \boldsymbol{C}\boldsymbol{A}\\ \boldsymbol{C}\boldsymbol{A}^2\\ \vdots\\ \boldsymbol{C}\boldsymbol{A}^{n-1}\end{pmatrix}\tag{2.32}$$

的秩等于n.

也可以给出定理 2.12 的一个直接证明.

证 由于可假设 $\boldsymbol{u}(t)=\boldsymbol{0}$, $0\leqslant t\leqslant t_1$，于是

$$\boldsymbol{y}=\boldsymbol{C}\boldsymbol{x},\quad \boldsymbol{y}^{(1)}=\boldsymbol{C}\boldsymbol{A}\boldsymbol{x},\quad \boldsymbol{y}^{(2)}=\boldsymbol{C}\boldsymbol{A}^2\boldsymbol{x},\quad \cdots,$$

这里 $\boldsymbol{y}^{(i)}$ 表示 $\boldsymbol{y}$ 关于 t 的 i 阶导数. 令 $t=0$，结合上面各等式，得

$$\boldsymbol{V}\boldsymbol{x}(0)=\begin{bmatrix}\boldsymbol{y}\\ \boldsymbol{y}^{(1)}\\ \boldsymbol{y}^{(2)}\\ \vdots\\ \boldsymbol{y}^{(n-1)}\end{bmatrix}_{t=0},\tag{2.33}$$

这里 $\boldsymbol{V}$ 是(2.32) 给出的矩阵. 由于输出 $\boldsymbol{y}(t)$ 及其各阶导数 $\boldsymbol{y}^{(i)}$ 都是已知的，所以当 $\boldsymbol{V}$ 的秩为 n 时，由(2.33) 可唯一地解出 $\boldsymbol{x}(0)$ 的 n 个元素. 由定义知这时系统是完全能观的.

反之，如果系统是完全能观的，我们需要证明 $\boldsymbol{V}$ 的秩为 n. 反设 $\boldsymbol{V}$ 的秩 $\mathrm{rank}(\boldsymbol{V})<n$，将如定理 2.9 的证明一样得出矛盾：$\mathrm{rank}(\boldsymbol{V})<n$ 时，存在 n 维列向量 $\boldsymbol{p}\neq\boldsymbol{0}$，使得 $\boldsymbol{V}\boldsymbol{p}=\boldsymbol{0}$，即

$$\boldsymbol{C}\boldsymbol{p}=\boldsymbol{0},\quad \boldsymbol{C}\boldsymbol{A}\boldsymbol{p}=\boldsymbol{0},\quad \cdots,\quad \boldsymbol{C}\boldsymbol{A}^{n-1}\boldsymbol{p}=\boldsymbol{0}.\tag{2.34}$$

现取初始状态 $\boldsymbol{x}(0)=\boldsymbol{p}$，并由 Cayley-Hamilton 定理得

$$\exp(\boldsymbol{A}t)=r_{n-1}\boldsymbol{A}^{n-1}+r_{n-2}\boldsymbol{A}^{n-2}+\cdots+r_1\boldsymbol{A}+r_0\boldsymbol{I}\equiv r(\boldsymbol{A}),$$

于是系统的输出响应为

$$\boldsymbol{y}(t)=\boldsymbol{C}\exp(\boldsymbol{A}t)\boldsymbol{p}=\boldsymbol{C}r(\boldsymbol{A})\boldsymbol{p}.\tag{2.35}$$

将(2.34) 代入(2.35) 得 $\boldsymbol{y}(t)=\boldsymbol{0}$, $0\leqslant t\leqslant t_1$，即非零初值 $\boldsymbol{x}(0)=\boldsymbol{p}$ 导致了零输出 $\boldsymbol{y}(t)=\boldsymbol{0}$，矛盾. 于是 $\mathrm{rank}(\boldsymbol{V})<n$ 不成立. □

例 2.10 讨论系统

$$\begin{cases}\dfrac{\mathrm{d}\boldsymbol{x}}{\mathrm{d}t}=\begin{pmatrix}-2 & 2\\ 1 & -1\end{pmatrix}\boldsymbol{x}+\begin{pmatrix}1\\ 0\end{pmatrix}u,\\ y=(1,0)\boldsymbol{x}\end{cases}$$

的能观性.

解 由(2.32) 定义的能观性矩阵

$$\boldsymbol{V}=\begin{pmatrix}1 & 0\\ -2 & 2\end{pmatrix},$$

其秩为 2. 因此，该系统是完全能观的.

例 2.11 给出系统的状态空间表达式为

$$\begin{cases}\dfrac{\mathrm{d}}{\mathrm{d}t}\begin{pmatrix}x_1\\x_2\\x_3\end{pmatrix}=\begin{pmatrix}0&1&0\\0&0&1\\-6&-11&-6\end{pmatrix}\begin{pmatrix}x_1\\x_2\\x_3\end{pmatrix}+\begin{pmatrix}0\\0\\1\end{pmatrix}u,\\ y=(4,5,1)\begin{pmatrix}x_1\\x_2\\x_3\end{pmatrix},\end{cases}$$

试判断其能观性.

解 $\boldsymbol{C}=(4,5,1)$,

$$\boldsymbol{CA}=(4,5,1)\begin{pmatrix}0&1&0\\0&0&1\\-6&-11&-6\end{pmatrix}=(-6,-7,-1),$$

$$\boldsymbol{CA}^2=\boldsymbol{CA}\cdot\boldsymbol{A}=(-6,-7,-1)\begin{pmatrix}0&1&0\\0&0&1\\-6&-11&-6\end{pmatrix}=(6,5,-1),$$

于是

$$\boldsymbol{V}=\begin{pmatrix}\boldsymbol{C}\\\boldsymbol{CA}\\\boldsymbol{CA}^2\end{pmatrix}=\begin{pmatrix}4&5&1\\-6&-7&-1\\6&5&1\end{pmatrix},$$

$\boldsymbol{V}$ 的秩 $\operatorname{rank}\boldsymbol{V}=2<3$，因此系统是不能观的.

4. 单输出系统的能观性

对于单输出情形，我们看到由(2.32)给出的能观性矩阵 $\boldsymbol{V}$ 等于(1.60)中出现的那个矩阵. 因此，定理1.2可重新表述为

定理2.13 控制系统

$$\begin{cases}\dfrac{\mathrm{d}\boldsymbol{x}}{\mathrm{d}t}=\boldsymbol{Ax},\\ y=\boldsymbol{cx}\end{cases}$$

可化为标准形

$$\begin{cases}\dfrac{\mathrm{d}\boldsymbol{v}}{\mathrm{d}t}=\boldsymbol{Ev},\\ y=\boldsymbol{fv}\end{cases}$$

的充分必要条件是：该控制系统是完全能观的.

正因为这一结论，由(1.57),(1.58)和(1.59)所描述的系统被叫做能观标准形.

5. 系统的能观分解

根据对偶原理，与定理2.8相对应，我们有

定理2.14 设S_1是定常系统，如果(2.32)定义的$\boldsymbol{V}$的秩$n_1<n$，则存在S_1的代数等价系统

$$\begin{cases}\dfrac{\mathrm{d}}{\mathrm{d}t}\begin{pmatrix}\boldsymbol{x}^{(1)}\\ \boldsymbol{x}^{(2)}\end{pmatrix}=\begin{pmatrix}\boldsymbol{A}_1 & \boldsymbol{O}\\ \boldsymbol{A}_2 & \boldsymbol{A}_3\end{pmatrix}\begin{pmatrix}\boldsymbol{x}^{(1)}\\ \boldsymbol{x}^{(2)}\end{pmatrix}+\begin{pmatrix}\boldsymbol{B}_1\\ \boldsymbol{B}_2\end{pmatrix}\boldsymbol{u},\\ \boldsymbol{y}=\boldsymbol{C}_1\boldsymbol{x}^{(1)},\end{cases}\tag{2.36}$$

这里$\boldsymbol{x}^{(1)}$和$\boldsymbol{x}^{(2)}$分别是n_1维和$n-n_1$维向量，且$[\boldsymbol{A}_1,\boldsymbol{C}_1]$是完全能观的.

在(2.36)中，$\boldsymbol{x}^{(2)}$对$\boldsymbol{y}$没有影响，因而是不能观的. 在定理2.14的条件下，状态空间根据能观性被分解成了两个部分：能观部分和不能观部分.

6. 系统的能控能观分解

在结束这一节之前，我们通过结合定理2.8和定理2.14给出一个关于系统分解的结果. 这一结果表明:一个线性定常系统可分解为4个相互排斥的部分，分别是：(1) 完全能控但不能观；(2) 完全能控且完全能观；(3) 既不能控也不能观；(4) 完全能观但不能控.

定理2.15 定常系统S_1代数等价于

$$\begin{cases}\dfrac{\mathrm{d}}{\mathrm{d}t}\begin{pmatrix}\boldsymbol{x}_1\\ \boldsymbol{x}_2\\ \boldsymbol{x}_3\\ \boldsymbol{x}_4\end{pmatrix}=\begin{pmatrix}\boldsymbol{A}_{11} & \boldsymbol{A}_{12} & \boldsymbol{A}_{13} & \boldsymbol{A}_{14}\\ \boldsymbol{O} & \boldsymbol{A}_{22} & \boldsymbol{O} & \boldsymbol{A}_{24}\\ \boldsymbol{O} & \boldsymbol{O} & \boldsymbol{A}_{33} & \boldsymbol{A}_{34}\\ \boldsymbol{O} & \boldsymbol{O} & \boldsymbol{O} & \boldsymbol{A}_{44}\end{pmatrix}\begin{pmatrix}\boldsymbol{x}_1\\ \boldsymbol{x}_2\\ \boldsymbol{x}_3\\ \boldsymbol{x}_4\end{pmatrix}+\begin{pmatrix}\boldsymbol{B}_1\\ \boldsymbol{B}_2\\ \boldsymbol{O}\\ \boldsymbol{O}\end{pmatrix}\boldsymbol{u}, & (2.37)\\ \boldsymbol{y}=(\boldsymbol{O},\boldsymbol{C}_2,\boldsymbol{O},\boldsymbol{C}_4)\begin{pmatrix}\boldsymbol{x}_1\\ \boldsymbol{x}_2\\ \boldsymbol{x}_3\\ \boldsymbol{x}_4\end{pmatrix}, & (2.38)\end{cases}$$

并且

（ⅰ）$\begin{bmatrix} A_{11} & A_{12} \\ O & A_{22} \end{bmatrix}, \begin{bmatrix} B_1 \\ B_2 \end{bmatrix}$ 能控；

（ⅱ）$\begin{bmatrix} A_{22} & A_{24} \\ O & A_{44} \end{bmatrix}, (C_2, C_4)$ 能观；

（ⅲ）$[A_{22}, B_2, C_2]$ 能控能观.

这里 x_i，$i = 1,2,3,4$ 代表已陈述的各种类型.

这一定理的证明较为冗长，可参见文献[9]第106页，此处从略.

2.3　线性反馈与极点配置

考虑定常系统

$$\frac{dx}{dt} = Ax + Bu, \tag{2.39}$$

设 K 是一个 $m \times n$ 常数型矩阵，若控制 u 的形式为

$$u = Kx, \tag{2.40}$$

则将(2.40)代入(2.39)得到的系统

$$\frac{dx}{dt} = (A + BK)x \tag{2.41}$$

叫做**闭环系统**. 控制(2.40)叫做**线性反馈控制**，K 通常叫做**反馈**（或**增益**）**矩阵**.

闭环系统(2.41)的特性由矩阵 $A + BK$ 的特征值决定，一般称矩阵 $A + BK$ 的特征值为**控制系统的极点**. 选取适当的 K，使矩阵 $A + BK$ 的特征值是任意所期望的集合

$$\Lambda_n = \{\theta_1, \theta_2, \cdots, \theta_n\}$$

的问题，叫做**极点配置问题**，这里 $\theta_i (i = 1,2,\cdots,n)$ 是任意 n 个复数.

现假设 A 和 B 都是实矩阵（通常在实际应用中正是这样），则有

定理 2.16　如果系统$[A,B]$是完全能控的，则存在实矩阵K，使得$A+BK$的特征值是Λ_n.

根据常微分方程的理论可知，闭环系统(2.41)的解依赖于 $A + BK$ 的

特征值，因此，定理 2.16 告诉我们，可通过使用适当的反馈控制，使闭环系统的特征值是任意选定的一组复数，于是可通过使用反馈控制对闭环系统的渐近行为产生重大影响.

这一定理在状态空间概念下为我们理解线性反馈提供了一种新的理解和洞察方式. 例如，如果单输入单输出系统是由(1.24)表示的经典形式，则转用状态空间形式表示并把定理 2.16 应用于它以后，我们知道反馈控制 $\boldsymbol{u}$ 是所有状态变量 $\boldsymbol{y},\boldsymbol{y}^{(1)},\cdots,\boldsymbol{y}^{(n-1)}$ 的线性组合，而不仅仅是 $\boldsymbol{y}$ 的倍数.

如果(2.39)不是完全能控的，则由定理 2.8 知，闭环系统仅有 n_1 个特征值可任意选择为某数集 Λ_{n_1}，因为(2.22)中的 $\boldsymbol{A}_3$ 不受反馈的影响.

我们将给出一个尽管有点长但却是构造性的证明.

首先考虑只有单输入变量的情形，证明中将包含构造 $\boldsymbol{K}$ 的方法.

$m=1$ 时定理 2.16 的证明 由于(2.39)是完全能控的，由定理 2.2 和定理 1.1 知，存在非奇异变换 $\boldsymbol{w}=\boldsymbol{Tx}$，使得(2.39)转化为(1.38)：

$$\frac{\mathrm{d}\boldsymbol{w}}{\mathrm{d}t}=\boldsymbol{Cw}+\boldsymbol{d}u,$$

这里 $\boldsymbol{C}$ 和 $\boldsymbol{d}$ 分别由(1.39)和(1.40)给出. 设

$$\tilde{\boldsymbol{k}}=(\kappa_n,\kappa_{n-1},\cdots,\kappa_1),$$

则反馈控制 $u=\tilde{\boldsymbol{k}}\boldsymbol{w}$ 代入(1.38)后得到闭环系统

$$\frac{\mathrm{d}\boldsymbol{w}}{\mathrm{d}t}=(\boldsymbol{C}+\boldsymbol{d}\tilde{\boldsymbol{k}})\boldsymbol{x}, \tag{2.42}$$

其系数矩阵 $\boldsymbol{C}+\boldsymbol{d}\tilde{\boldsymbol{k}}$ 除了最后一行暂记为 $-(\gamma_n,\gamma_{n-1},\cdots,\gamma_1)$ 外，其他各行与(1.39)给出的友矩阵 $\boldsymbol{C}$ 的对应行相同，并且

$$\kappa_i=a_{n-i}-\gamma_i,\quad i=1,2,\cdots,n. \tag{2.43}$$

由于

$$\boldsymbol{C}+\boldsymbol{d}\tilde{\boldsymbol{k}}=\boldsymbol{T}(\boldsymbol{A}+\boldsymbol{b}\tilde{\boldsymbol{k}}\boldsymbol{T})\boldsymbol{T}^{-1}, \tag{2.44}$$

所以我们期望得到的向量为 $\boldsymbol{k}=\tilde{\boldsymbol{k}}\boldsymbol{T}$，这里的 κ_i 在 γ_i 求得后可由(2.43)得出. 而 a_i 是矩阵 $\boldsymbol{A}$ 特征多项式

$$\det(\lambda\boldsymbol{I}-\boldsymbol{A})=\lambda^n+a_{n-1}\lambda^{n-1}+\cdots+a_1\lambda+a_0 \tag{2.45}$$

的系数. 根据定理要求，友矩阵形式的闭环矩阵 $\boldsymbol{C}+\boldsymbol{d}\tilde{\boldsymbol{k}}$ 的特征值应为 $\theta_1,\theta_2,\cdots,\theta_n$，因此

$$\lambda^n+\gamma_1\lambda^{n-1}+\cdots+\gamma_n\equiv\prod_{i=1}^{n}(\lambda-\theta_i). \tag{2.46}$$

这样通过(2.46)两边 λ^i 的系数相等得到 γ_i，最后由 $\tilde{k}$ 和 T 得到 k. □

注意到将上面论证中由 C,d 确定的能控标准形用定理 1.2 中能观标准形代替后，重复上面证明可以得到

推论 2.3 如果 $[A,c]$ 是完全能观的，则存在实的 n 维列向量 l，使得 $A+lc$ 的特征值的集合是 Λ_n，这里 c 是实的 n 维行向量.

这一结论也可用定理 2.11（对偶原理）结合定理 2.16 得到.

例 2.12 考虑系数矩阵为

$$A=\begin{pmatrix}1 & -3\\4 & 2\end{pmatrix},\quad b=\begin{pmatrix}1\\1\end{pmatrix}$$

的单输入系统，求一个反馈控制，使得到的闭环系统的系数矩阵的特征值为 -1 和 -2.

解 由于

$$U=(b,Ab)=\begin{pmatrix}1 & -2\\1 & 6\end{pmatrix},$$

可见 $\operatorname{rank}(U)=2$，于是系统 $[A,b]$ 是完全能控的.

A 的特征方程为

$$\lambda^2-3\lambda+14=0,$$

其根为 $\frac{3}{2}\pm\frac{\sqrt{47}}{2}\mathrm{i}$. 特征值为 -1 和 -2 的二阶矩阵的特征多项式是

$$\lambda^2+3\lambda+2.$$

由(2.43),(2.45)和(2.46)得

$$\kappa_1=a_1-\gamma_1=-3-3=-6,$$
$$\kappa_2=a_0-\gamma_2=14-2=12.$$

利用(1.47)和(1.45)得矩阵 $T=\frac{1}{8}\begin{pmatrix}-1 & 1\\3 & 5\end{pmatrix}$，于是

$$k=\tilde{k}T=(12,-6)\frac{1}{8}\begin{pmatrix}-1 & 1\\3 & 5\end{pmatrix}=-\left(\frac{15}{4},\frac{9}{4}\right).$$

易验证

$$A+bk=\frac{1}{4}\begin{pmatrix}-11 & -21\\1 & -1\end{pmatrix}$$

的特征值是 $-1, -2$. 所以，要求的反馈控制为 $u = \boldsymbol{k}\boldsymbol{x}$.

在 $m > 1$ 时，为证明定理 2.16，我们需要一个预备结论.

引理 2.1 如果$[\boldsymbol{A}, \boldsymbol{B}]$是完全能控的，且 $\boldsymbol{B}$ 的列向量 $\boldsymbol{b}_1, \boldsymbol{b}_2, \cdots, \boldsymbol{b}_m$ 都是非零向量，则存在实矩阵 $\boldsymbol{K}_i$，$i = 1,2,\cdots,m$，使得系统$[\boldsymbol{A} + \boldsymbol{B}\boldsymbol{K}_i, \boldsymbol{b}_i]$，$i = 1,2,\cdots,m$ 都是完全能控的.

证 我们仅考虑 $i = 1$ 的情形. 已知 $\boldsymbol{B} = (\boldsymbol{b}_1, \boldsymbol{b}_2, \cdots, \boldsymbol{b}_m)$，由于系统是能控的，矩阵 $\boldsymbol{U} = (\boldsymbol{B}, \boldsymbol{A}\boldsymbol{B}, \boldsymbol{A}^2\boldsymbol{B}, \cdots, \boldsymbol{A}^{n-1}\boldsymbol{B})$ 的秩等于 n，所以存在 n_1，使得向量组 $\boldsymbol{b}_1, \boldsymbol{A}\boldsymbol{b}_1, \cdots, \boldsymbol{A}^{n_1-1}\boldsymbol{b}_1$ 线性无关，而 $\boldsymbol{A}^{n_1}\boldsymbol{b}_1$ 可由它们线性表示. 取 $\tilde{\boldsymbol{b}}_1 = \boldsymbol{b}_1$，于是

$$\boldsymbol{e}_1 = \tilde{\boldsymbol{b}}_1, \quad \boldsymbol{e}_2 = \boldsymbol{A}\boldsymbol{e}_1 + \tilde{\boldsymbol{b}}_1, \quad \cdots, \quad \boldsymbol{e}_{n_1} = \boldsymbol{A}\boldsymbol{e}_{n_1-1} + \tilde{\boldsymbol{b}}_1 \tag{2.47}$$

是线性无关的，而 $\boldsymbol{A}\boldsymbol{e}_{n_1}$ 可用(2.47)中的向量线性表示. 如果 $n_1 = n$，我们就终止. 否则，由于 $\mathrm{rank}(\boldsymbol{U}) = n$，在 $\boldsymbol{b}_2, \cdots, \boldsymbol{b}_m$ 中必有与(2.47)线性无关的向量，把它记为 $\tilde{\boldsymbol{b}}_2$. 考虑向量组

$$\boldsymbol{e}_1, \boldsymbol{e}_2, \cdots, \boldsymbol{e}_{n_1}, \boldsymbol{e}_{n_1+1} = \boldsymbol{A}\boldsymbol{e}_{n_1} + \tilde{\boldsymbol{b}}_2, \boldsymbol{e}_{n_1+2} = \boldsymbol{A}\boldsymbol{e}_{n_1+1} + \tilde{\boldsymbol{b}}_2, \cdots,$$

这时必存在 n_2，使得

$$\boldsymbol{e}_1, \boldsymbol{e}_2, \cdots, \boldsymbol{e}_{n_1}, \boldsymbol{e}_{n_1+1}, \boldsymbol{e}_{n_1+2}, \cdots, \boldsymbol{e}_{n_1+n_2} \tag{2.48}$$

是线性无关的，而 $\boldsymbol{A}\boldsymbol{e}_{n_1+n_2}$ 可用(2.48)线性表示. 如果 $n_1 + n_2 = n$，我们就终止. 否则，继续进行下去. 由于 $\mathrm{rank}(\boldsymbol{U}) = n$，所以必存在 n_r，使

$$n_1 + n_2 + \cdots + n_r = n,$$

而向量组

$$\boldsymbol{e}_1, \boldsymbol{e}_2, \cdots, \boldsymbol{e}_{n_1}, \boldsymbol{e}_{n_1+1}, \cdots, \boldsymbol{e}_{n-n_r+1}, \cdots, \boldsymbol{e}_n \tag{2.49}$$

是线性无关的.

向量组(2.49)中的向量满足关系

$$\boldsymbol{e}_{j+1} = \boldsymbol{A}\boldsymbol{e}_j + \hat{\boldsymbol{b}}_j, \quad j = 1,2,\cdots,n-1, \tag{2.50}$$

这里 $\hat{\boldsymbol{b}}_j$ 是 $\boldsymbol{b}_1, \boldsymbol{b}_2, \cdots, \boldsymbol{b}_m$ 中的某一个. 由 $\boldsymbol{B} = (\boldsymbol{b}_1, \boldsymbol{b}_2, \cdots, \boldsymbol{b}_m)$ 知，存在 $\boldsymbol{u}_j \in \mathbf{R}^m$，使得

$$\hat{\boldsymbol{b}}_j = \boldsymbol{B}\boldsymbol{u}_j, \quad j = 1,2,\cdots,n. \tag{2.51}$$

现设 $\boldsymbol{K}_1: \mathbf{R}^n \to \mathbf{R}^m$ 是由下式定义的线性变换($\boldsymbol{K}_1$ 也表示该变换的系数矩阵)

$$\boldsymbol{K}_1\boldsymbol{e}_j = \boldsymbol{u}_j, \quad j = 1,2,\cdots,n.$$

由(2.50)和(2.51)得到

$$e_{j+1}=(A+BK_1)e_j,\quad j=1,2,\cdots,n-1.$$

已经知道

$$e_j=(A+BK_1)^{j-1}e_1=(A+BK_1)^{j-1}b_1,\quad j=1,2,\cdots,n.$$

由于 $e_1,e_2,\cdots,e_n$ 是线性无关的，即向量组

$$b_1,\ (A+BK_1)b_1,\ (A+BK_1)^2b_1,\ \cdots,\ (A+BK_1)^{n-1}b_1$$

是线性无关的，因此，由定理 2.1 知$[A+BK_1,b_1]$是完全能控的. □

$m>1$ **时定理 2.16 的证明**　设 K_1 是引理 2.1 证明中用到的那个矩阵，现定义一个 $m\times n$ 矩阵 K' 使其第一行等于某个行向量 k，而其余各行都是零向量. 于是，控制

$$u=(K_1+K')x \tag{2.52}$$

导出闭环系统

$$\frac{dx}{dt}=(A+BK_1)x+BK'x=(A+BK_1)x+b_1kx,$$

这里 b_1 是 B 的第一列. 因为$[A+BK_1,b_1]$是完全能控的，由本定理 $m=1$ 的情形的证明知，可选择向量 k 使 $A+BK_1+b_1k$ 的特征值的集合是 Λ_n，因此(2.52)确实是所期望的反馈控制. □

如果 $y=Cx$ 是(2.1)中的输出向量，则再次应用对偶性由定理 2.16 可得

推论 2.4　如果$[A,C]$是完全能观的，则存在实矩阵 L，使得 $A+LC$ 的特征值的集合是 Λ_n.

通过预先指定闭环系统的特征值去控制一个系统的方法通常叫做**模态控制技术**.

定义 2.3　系统$[A,B]$称为**完全模态能控的**，如果对任意的复数集 Λ_n，存在一个 $m\times n$ 矩阵 K，使得闭环矩阵 $A_c=A+BK$ 的全部特征值为 Λ_n.

下面的结论表明，实际上完全模态能控和完全(状态)能控是等价的.

推论 2.5　系统$[A,B]$完全模态能控的充分必要条件是：它是完全(状态)能控的.

证　充分性可由定理 2.16 直接得到. 为证必要性，假设$[A,B]$是完全模态能控的但不是完全(状态)能控，则由定理 2.8，矩阵 A_c 相似于

$$PA_cP^{-1} = PAP^{-1} + PBKP^{-1}$$
$$= \begin{pmatrix} A_1 + B_1K_1 & A_2 + B_2K_2 \\ O & A_3 \end{pmatrix},$$

这里$K=(K_1,K_2)P$，P是将A,B分解为(2.22)的变换矩阵．由此得A_3的特征值也是A和A_c的特征值，并且显然不受任意选择的反馈矩阵K的影响，这和$[A,B]$完全模态能控相矛盾． □

注 $A_c = A + BK$表示闭环矩阵．

2.4 状态观测器

在实际问题中，定理2.16的应用是有限的，这是因为反馈控制(2.40)涉及状态向量x所有的分量，但实际问题中往往不能观测到所有的$x_i(i=1,2,\cdots,n)$．实际情况往往是被观测到的输出是一个r维列向量

$$y = Cx, \tag{2.53}$$

这样一来，被用于实际问题的线性输出控制是

$$u = Ky = KCx, \tag{2.54}$$

因此，不可能总是预先指定闭环系统的所有特征值．

现在我们考虑如何利用观测信息获得状态反馈的问题．如果系统

$$\begin{cases} \dfrac{dx}{dt} = Ax + Bu, & (2.55) \\ y = Cx & (2.56) \end{cases}$$

是完全能观的，则由完全能观的定义知，仅从理论上来说是能够由输出y和控制u的信息去确定状态变量x的．

对于一个系统，如果将输出y和控制u作为输入，将状态向量$x(t)$的一个逼近$\hat{x}(t)$作为输出，我们称$\hat{x}(t)$为该系统的**状态观测(或状态估计)**．由于原系统是完全能观的，根据推论2.3，存在矩阵L，使得$A+LC$的特征值的集合是任意给定的$\Lambda_n=\{\theta_i\}$．特别地，我们可选取θ_i，使所有的θ_i都有负实部．于是，如果设$x_d(t)=x(t)-\hat{x}(t)$，且使

$$\frac{dx_d}{dt} = (A + LC)x_d, \tag{2.57}$$

这就确保了无论如何选取初值$x_d(0)$，都会有当$t\to\infty$时$x_d(t)\to 0$．因此，当$t\to\infty$时$\hat{x}(t)\to x(t)$，这正是我们期望的．由(2.57)可以看出$\hat{x}(t)$必

须满足

$$\frac{\mathrm{d}(\boldsymbol{x}-\hat{\boldsymbol{x}})}{\mathrm{d}t}=(\boldsymbol{A}+\boldsymbol{LC})(\boldsymbol{x}-\hat{\boldsymbol{x}}),$$

故

$$\begin{aligned}\frac{\mathrm{d}\hat{\boldsymbol{x}}}{\mathrm{d}t}&=\frac{\mathrm{d}\boldsymbol{x}}{\mathrm{d}t}-(\boldsymbol{A}+\boldsymbol{LC})(\boldsymbol{x}-\hat{\boldsymbol{x}})\\&=\boldsymbol{Ax}+\boldsymbol{Bu}-(\boldsymbol{A}+\boldsymbol{LC})(\boldsymbol{x}-\hat{\boldsymbol{x}})\\&=(\boldsymbol{A}+\boldsymbol{LC})\hat{\boldsymbol{x}}-\boldsymbol{Ly}+\boldsymbol{Bu}.\end{aligned}\tag{2.58}$$

(2.58) 给出了系统状态观测的数学模型，$\boldsymbol{y}$ 和 $\boldsymbol{u}$ 为输入，$\hat{\boldsymbol{x}}$ 为输出.

例 2.13 考虑

$$\boldsymbol{A}=\begin{pmatrix}1&-3\\4&2\end{pmatrix},\quad \boldsymbol{b}=\begin{pmatrix}1\\1\end{pmatrix},\quad \boldsymbol{c}=(2,3).$$

试求向量 $\boldsymbol{l}$，使 $\boldsymbol{A}+\boldsymbol{lc}$ 的特征值都具有负实部.

解 找一个 2 维列向量 $\boldsymbol{l}$ 的程序类似于定理 2.16 中 $m=1$ 情形的证明过程，但要从第一章定理 1.2 中的能观标准形开始着手. 所用变换是 $\boldsymbol{v}=\boldsymbol{P}^{-1}\boldsymbol{x}$，由习题 1.9 的结论，我们有

$$\boldsymbol{P}^{-1}=\begin{pmatrix}e_1&1\\1&0\end{pmatrix}\begin{pmatrix}\boldsymbol{c}\\\boldsymbol{cA}\end{pmatrix},$$

这里 e_1 满足

$$\lambda^2+e_1\lambda+e_2\equiv\det(\lambda\boldsymbol{I}-\boldsymbol{A})\equiv\lambda^2-3\lambda+14.$$

于是得

$$\boldsymbol{P}^{-1}=\begin{pmatrix}8&-9\\2&3\end{pmatrix}.$$

故(1.58) 所定义的矩阵是

$$\boldsymbol{E}=\boldsymbol{P}^{-1}\boldsymbol{AP}=\begin{pmatrix}0&-14\\1&3\end{pmatrix},$$

$$\boldsymbol{f}=\boldsymbol{cP}=(0,1).$$

假设观测矩阵 $\boldsymbol{A}+\boldsymbol{lc}$ 的特征值是 -3 和 -4，则其特征多项式是

$$\lambda^2+7\lambda+12.$$

由于

$$\boldsymbol{A}+\boldsymbol{lc}=\boldsymbol{P}(\boldsymbol{E}+\boldsymbol{P}^{-1}\boldsymbol{lf})\boldsymbol{P}^{-1},$$

且 $\boldsymbol{E}+\boldsymbol{P}^{-1}\boldsymbol{lf}$ 是友矩阵的形式，其最后一列必然是 $(-12,-7)^{\mathrm{T}}$，即

$$\begin{pmatrix}-14\\3\end{pmatrix}+\boldsymbol{P}^{-1}\boldsymbol{l}=\begin{pmatrix}-12\\-7\end{pmatrix}.$$

因此，$\boldsymbol{l}=(-2,-2)^{\mathrm{T}}$ 是观测系统(2.58) 中要求构造的 2×1 矩阵.

还有一点很重要现在来说明一下，2.3 节已经证明了当$[\boldsymbol{A},\boldsymbol{B}]$ 完全能控时，可确定反馈矩阵$\boldsymbol{K}$，反馈控制 $\boldsymbol{u}=\boldsymbol{Kx}$ 可使闭环系统的特征值被预先指定. 实际上，在闭环系统中用线性反馈 $\boldsymbol{u}=\boldsymbol{K}\hat{\boldsymbol{x}}$ 代替 $\boldsymbol{u}=\boldsymbol{Kx}$ 仍然可使特征值的集合是所期望的集合. 为说明这一点，将 $\boldsymbol{u}=\boldsymbol{K}\hat{\boldsymbol{x}}$ 代入(2.55) 和(2.58)，并将这两个方程结合成

$$\frac{\mathrm{d}}{\mathrm{d}t}\begin{pmatrix}\boldsymbol{x}\\ \hat{\boldsymbol{x}}\end{pmatrix}=\begin{pmatrix}\boldsymbol{A} & \boldsymbol{BK}\\ -\boldsymbol{LC} & \boldsymbol{A}+\boldsymbol{LC}+\boldsymbol{BK}\end{pmatrix}\begin{pmatrix}\boldsymbol{x}\\ \hat{\boldsymbol{x}}\end{pmatrix}, \tag{2.59}$$

对(2.59) 的系数矩阵采用如下相似变换：

$$\begin{pmatrix}\boldsymbol{I} & \boldsymbol{O}\\ \boldsymbol{I} & -\boldsymbol{I}\end{pmatrix}\begin{pmatrix}\boldsymbol{A} & \boldsymbol{BK}\\ -\boldsymbol{LC} & \boldsymbol{A}+\boldsymbol{LC}+\boldsymbol{BK}\end{pmatrix}\begin{pmatrix}\boldsymbol{I} & \boldsymbol{O}\\ \boldsymbol{I} & -\boldsymbol{I}\end{pmatrix}=\begin{pmatrix}\boldsymbol{A}+\boldsymbol{BK} & -\boldsymbol{BK}\\ \boldsymbol{O} & \boldsymbol{A}+\boldsymbol{LC}\end{pmatrix}, \tag{2.60}$$

由于(2.60) 的右端是分块上三角矩阵，这表明系统(2.59) 的特征值正好是 $\boldsymbol{A}+\boldsymbol{BK}$ 的特征值(这正是我们所要求的) 以及对观测系统矩阵 $\boldsymbol{A}+\boldsymbol{LC}$ 预先指定的特征值的总和. 这说明，即使系统能被观测到的只有输出 $\boldsymbol{y}$，而实际状态变量 $\boldsymbol{x}$ 不能被测到时，利用系统的状态观测也能使闭环系统的所有特征值被预先指定.

2.5 定常系统的实现

对于线性定常系统

$$\begin{cases}\dfrac{\mathrm{d}\boldsymbol{x}}{\mathrm{d}t}=\boldsymbol{Ax}+\boldsymbol{Bu}, & (2.61)\\ \boldsymbol{y}=\boldsymbol{Cx}, & (2.62)\end{cases}$$

已经定义了传递矩阵

$$\boldsymbol{G}(s)=\boldsymbol{C}(s\boldsymbol{I}-\boldsymbol{A})^{-1}\boldsymbol{B}.$$

在实际问题中，往往是描述一个系统的微分方程并不知道，但传递矩阵 $\boldsymbol{G}(s)$ 却可通过实验或别的办法能够得到. 因此，找到一个与 $\boldsymbol{G}(s)$ 相对应的用通常的状态空间形式所描述的系统是有意义的.

用正式的术语来说就是，给定一个 $r\times m$ 矩阵 $\boldsymbol{G}(s)$，其元素是 s 的有理函数，我们希望找到分别是 $n\times n$ 矩阵、$n\times m$ 矩阵和 $r\times n$ 矩阵的 $\boldsymbol{A}$, $\boldsymbol{B}$ 和 $\boldsymbol{C}$，使得

$$G(s)=C(sI-A)^{-1}B.$$

其相应的系统是(2.61),(2.62)，三元组$\{A,B,C\}$叫做$G(s)$的一个**实现**. 当然$G(s)$的实现不是唯一的. 在$G(s)$的所有实现中，使A达到最小阶数的实现叫做$G(s)$的**最小实现**. 它所对应的系统涉及最少的状态变量数. 注意到

$$(sI-A)^{-1}=\frac{1}{\det(sI-A)}\mathrm{Adj}(sI-A)$$

中每个元素的分子次数低于分母的次数，于是当$s\to\infty$时，

$$C(sI-A)^{-1}B\to O,$$

我们将假设任意给定的传递矩阵都具有这个性质，这样的$G(s)$叫做**严格正则的**.

例 2.14　考虑单输入单输出系统的传递函数

$$g(s)=\frac{2s+7}{s^2-5s+6},$$

其形式为

$$g(s)=c(sI-A)^{-1}b. \tag{2.63}$$

可验证$g(s)$的一个实现是

$$A=\begin{pmatrix}0&1\\-6&5\end{pmatrix},\quad b=\begin{pmatrix}0\\1\end{pmatrix},\quad c=(7,2).$$

易验证$g(s)$的另一个实现是

$$A=\begin{pmatrix}2&0\\0&3\end{pmatrix},\quad b=\begin{pmatrix}1\\1\end{pmatrix},\quad c=(-11,13). \tag{2.64}$$

实际上它们两个都是最小实现，它们之间有一种简单的关系，这将在后面论述.

对于一般多输入多输出系统，下面的结论将给出一个传递矩阵的一个简单实现，但一般而言它不是最小的.

定理 2.17　设

$$d(s)=s^n+a_{n-1}s^{n-1}+\cdots+a_1s+a_0 \tag{2.65}$$

是$G(s)$的所有元素$g_{ij}(s)$ $(i=1,2,\cdots,q,\ j=1,2,\cdots,p)$的最小公分母，并设

$$G(s)=\frac{C_{n-1}s^{n-1}+\cdots+C_1s+C_0}{s^n+a_{n-1}s^{n-1}+\cdots+a_1s+a_0}, \tag{2.66}$$

其中$C_i\,(i=1,2,\cdots,n-1)$是$q\times p$常数矩阵，则$G(s)$的一个实现是

$$A=\begin{pmatrix} O & I_p & O & \cdots & O \\ O & O & I_p & \cdots & O \\ \vdots & \vdots & \vdots & & \vdots \\ O & O & O & \cdots & I_p \\ -a_0I_p & -a_1I_p & -a_2I_p & \cdots & -a_{n-1}I_p \end{pmatrix},\quad B=\begin{pmatrix} O \\ O \\ \vdots \\ O \\ I_p \end{pmatrix}, \tag{2.67}$$

$$C=(C_0,C_1,\cdots,C_{n-1}), \tag{2.68}$$

而且，$[A,B]$ 是完全能控的.

证 先证 $\{A,B,C\}$ 是 $G(s)$ 的一个实现. 记

$$V(s)=(sI-A)^{-1}B, \tag{2.69}$$

则

$$(sI-A)V(s)=B \quad \text{或} \quad sV(s)=AV(s)+B. \tag{2.70}$$

令

$$V(s)=\begin{pmatrix} V_1(s) \\ V_2(s) \\ \vdots \\ V_n(s) \end{pmatrix}, \tag{2.71}$$

其中 $V_i(s)$ $(i=1,2,\cdots,n)$ 为 $p\times p$ 矩阵. 将(2.67)中的 A,B 代入(2.70)，得

$$\left.\begin{aligned} &V_2(s)=sV_1(s), \\ &V_3(s)=sV_2(s)=s^2V_1(s), \\ &\cdots, \\ &V_n(s)=sV_{n-1}(s)=s^{n-1}V_1(s), \end{aligned}\right\} \tag{2.72}$$

以及

$$sV_n(s)=-a_0V_1(s)-a_1V_2(s)-\cdots-a_{n-1}V_n(s)+I_p. \tag{2.73}$$

将(2.72)代入(2.73)，得

$$(s^n+a_{n-1}s^{n-1}+\cdots+a_1s+a_0)V_1(s)=d(s)V_1(s)=I_p, \tag{2.74}$$

即

$$V_1(s)=\frac{I_p}{d(s)}. \tag{2.75}$$

将(2.75)代入(2.72)，得

$$V_i(s) = \frac{s^{i-1}}{d(s)} I_p, \quad i = 1, 2, \cdots, n. \tag{2.76}$$

于是

$$\begin{aligned} C(sI - A)^{-1}B &= CV(s) \\ &= C_0V_1(s) + C_1V_2(s) + \cdots + C_{n-1}V_n(s) \\ &= \frac{1}{d(s)}(C_0 + C_1 s + \cdots + C_{n-1}s^{n-1}) \\ &= G(s), \end{aligned} \tag{2.77}$$

即 $\{A, B, C\}$ 是 $G(s)$ 的一个实现.

下面证明 $[A, B]$ 完全能控. 对任意常数 s, 有

$$\begin{aligned} &\operatorname{rank}(sI - A, B) \\ &= \operatorname{rank}\begin{bmatrix} sI_p & -I_p & O & \cdots & O & O \\ O & sI_p & -I_p & \cdots & O & O \\ \vdots & \vdots & \vdots & & \vdots & \vdots \\ O & O & O & \cdots & -I_p & O \\ a_0 I_p & a_1 I_p & a_2 I_p & \cdots & sI_p + a_{n-1}I_p & I_p \end{bmatrix} \\ &= np, \end{aligned}$$

由 PHB 判断依据知, $[A, B]$ 是完全能控的. □

现在我们讨论由变换(2.17) 所定义的等价系统在实现问题中的关系. 若系统 $\{A, B, C\}$ 中的 A, B 及 C 都是常数矩阵, P 也是常数矩阵, 则通过变换(2.17) 得到一个系统, 其矩阵为

$$\hat{A} = PAP^{-1}, \quad \hat{B} = PB, \quad \hat{C} = CP^{-1}. \tag{2.78}$$

定理 2.18　若系统 $\{A, B, C\}$ 是完全能控(完全能观) 的, 则 $\{\hat{A}, \hat{B}, \hat{C}\}$ 也是完全能控(完全能观) 的.

证　作为定理 2.7 的一个特殊情形, 可直接得到能控性部分的证明. 另一证法是, 因为 P 是非奇异的, 利用(2.78), 我们有

$$\begin{aligned} \operatorname{rank}(\hat{B}, \hat{A}\hat{B}, \cdots, (\hat{A})^{n-1}\hat{B}) &= \operatorname{rank}(P(B, AB, \cdots, A^{n-1}B)P^{-1}) \\ &= n, \end{aligned}$$

于是, 由定理 2.1 知, 如果 $[A, B]$ 是完全能控的, 则 $[\hat{A}, \hat{B}]$ 也是完全能控的. 能观性部分也可类似地得到. □

不仅能控性和能观性在代数等价下保持不变, 而且易得下面结论.

定理2.19 如果两个系统$\{A,B,C\}$和$\{\hat{A},\hat{B},\hat{C}\}$是代数等价的，则它们的传递函数相同，即

$$C(sI-A)^{-1}B=\hat{C}(sI-\hat{A})^{-1}\hat{B}.$$

证 利用(2.78)，得

$$\begin{aligned}\hat{C}(sI-\hat{A})^{-1}\hat{B}&=CP^{-1}(sI-PAP^{-1})^{-1}PB\\&=CP^{-1}[P(sI-A)P^{-1}]^{-1}PB\\&=C(sI-A)^{-1}B.\end{aligned}$$

证毕. □

现在我们可以证明本节的中心结论了，这一结论连接了能控性、能观性和实现这些基本概念.

定理2.20 传递矩阵$G(s)$的一个实现$\{A,B,C\}$是最小实现的充要条件是：$[A,B]$是完全能控的且$[A,C]$是完全能观的.

证 充分性. 设U和V分别是(2.5)和(2.32)给出的能控性矩阵和能观性矩阵. 我们希望证明：如果U和V的秩都是n，则$G(s)$的最小阶是n. 假设$G(s)$还有一个实现$\{\overline{A},\overline{B},\overline{C}\}$，其中$\overline{A}$是$\overline{n}$阶的. 由于

$$C(sI-A)^{-1}B=\overline{C}(sI-\overline{A})^{-1}\overline{B},$$

于是

$$C\exp(At)B=\overline{C}\exp(\overline{A}t)\overline{B}.$$

利用

$$\exp(At)=I+tA+\frac{1}{2!}t^2A^2+\cdots+\frac{1}{i!}t^iA^i+\cdots,$$

得到

$$CA^iB=\overline{C}\overline{A}^i\overline{B},\quad i=0,1,2,\cdots. \tag{2.79}$$

考虑乘积

$$\begin{aligned}VU&=\begin{bmatrix}C\\CA\\\vdots\\CA^{n-1}\end{bmatrix}(B,AB,\cdots,A^{n-1}B)\\&=\begin{bmatrix}CB&CAB&\cdots&CA^{n-1}B\\CAB&CA^2B&\cdots&CA^nB\\\vdots&\vdots&&\vdots\\CA^{n-1}B&CA^nB&\cdots&CA^{2n-2}B\end{bmatrix}\end{aligned}$$

$$= \begin{bmatrix} \bar{C} \\ \bar{C}\bar{A} \\ \vdots \\ \bar{C}\bar{A}^{n-1} \end{bmatrix} (\bar{B}, \bar{A}\bar{B}, \cdots, \bar{A}^{n-1}\bar{B}) = V_1 U_1. \tag{2.80}$$

由于 $\text{rank}(U) = \text{rank}(V) = n$，所以 $\text{rank}(VU) = n$，从而

$$\text{rank}(V_1 U_1) = n.$$

然而，V_1 和 U_1 分别是 $r_1 n \times \bar{n}$ 矩阵和 $\bar{n} \times m_1 n$ 矩阵，这里 r_1 和 m_1 是正整数，因此，$V_1 U_1$ 的秩不能大于 $\bar{n}$，这说明 $n \leqslant \bar{n}$. 于是不能再有阶数低于 n 的最小实现了.

必要性. 现在证明：如果 $[A, B]$ 不是完全能控的，则存在 $G(s)$ 的一个阶数低于 n 的实现. 相应的能观性部分的结论通过对偶性便可得到.

设在(2.5)中的能控性矩阵 U 的秩是 $n_1 < n$，$u_1, u_2, \cdots, u_{n_1}$ 是 U 的 n_1 个线性无关的列向量. 考虑变换 $\hat{x} = Px$，其中 P 由

$$P^{-1} = (u_1, u_2, \cdots, u_{n_1}, u_{n_1+1}, \cdots, u_n) \tag{2.81}$$

来定义，这里 $u_{n_1+1}, \cdots, u_n$ 是能使(2.81)中的矩阵成为非奇异矩阵的任意一组列向量. 由于 U 的秩为 n_1，故 U 的所有列向量都可以表示为 $u_1, u_2, \cdots, u_{n_1}$ 的线性组合. 矩阵 $AU = (AB, A^2B, \cdots)$ 包含了 U 的除前 m 列以外的所有列向量，于是，矩阵 AU 中部分列向量构成的向量组 Au_i，$i = 1, 2, \cdots, n_1$ 可用 $u_1, u_2, \cdots, u_{n_1}$ 线性表出. 以 P 左乘(2.81)的两边可以看出 Pu_i 等于 n 阶单位矩阵 I_n 的第 i 列. 结合这些事实得到

$$\begin{aligned} \hat{A} = PAP^{-1} &= P(Au_1, \cdots, Au_{n_1}, \cdots, Au_n) \\ &= \begin{bmatrix} A_1 & A_2 \\ O & A_3 \end{bmatrix}, \end{aligned}$$

这里 A_1 是 $n_1 \times n_1$ 矩阵. 类似地，由于 B 的列向量可由 $u_1, u_2, \cdots, u_{n_1}$ 线性表示，由(2.78)和(2.81)得

$$\hat{B} = PB = \begin{bmatrix} B_1 \\ O \end{bmatrix},$$

这里 B_1 是 $n_1 \times m$ 矩阵. 记 $\hat{C} = CP^{-1} = (C_1, C_2)$，由定理 2.19 得

$$\begin{aligned} G(s) &= \hat{C}(sI - \hat{A})^{-1}\hat{B} \\ &= (C_1, C_2) \begin{bmatrix} sI - A_1 & -A_2 \\ O & sI - A_3 \end{bmatrix}^{-1} \begin{bmatrix} B_1 \\ O \end{bmatrix} \end{aligned}$$

$$= (C_1, C_2)\begin{pmatrix}(sI-A_1)^{-1} & (sI-A_1)^{-1}A_2(sI-A_3)^{-1} \\ O & (sI-A_3)^{-1}\end{pmatrix}\begin{pmatrix}B_1 \\ O\end{pmatrix}$$

$$= C_1(sI-A_1)^{-1}B_1,$$

这表明$\{A_1, B_1, C_1\}$也是$G(s)$的一个实现，但阶数$n_1 < n$. 这与$\{A, B, C\}$是最小实现的假设矛盾，因此，$[A, B]$必是完全能控的. □

注 以上必要性部分的证明结合习题 2.11 便得定理 2.8 的证明.

例 2.15 试利用定理 2.20 证明的第二部分中所给出的办法将系统

$$\frac{dx}{dt} = \begin{bmatrix}4 & 3 & 5 \\ 1 & -2 & -3 \\ 2 & 1 & 8\end{bmatrix}x + \begin{bmatrix}2 \\ 1 \\ -1\end{bmatrix}u \tag{2.82}$$

分解为(2.22)中的能控性部分和不能控部分.

解 系统(2.82)的能控性矩阵是

$$(B, AB, A^2B) = \begin{bmatrix}2 & 6 & 18 \\ 1 & 3 & 9 \\ -1 & -3 & -9\end{bmatrix}, \tag{2.83}$$

显然，它的秩是 1. 取(2.83)的第一列，再取两列得非奇异阵

$$P^{-1} = \begin{bmatrix}2 & 1 & 0 \\ 1 & 0 & 1 \\ -1 & 0 & 0\end{bmatrix}. \tag{2.84}$$

易求得(2.84)的逆矩阵P，通过变换$\hat{x} = Px$可得一个代数等价系统. 由(2.78)知

$$\hat{A} = PAP^{-1} = \begin{bmatrix}3 & -2 & -1 \\ 0 & 8 & 5 \\ 0 & 3 & -1\end{bmatrix} = \begin{bmatrix}A_1 & A_2 \\ O & A_3\end{bmatrix}, \tag{2.85}$$

$$\hat{B} = PB = \begin{bmatrix}1 \\ 0 \\ 0\end{bmatrix} = \begin{bmatrix}B_1 \\ O\end{bmatrix}.$$

这正是定理 2.8 所要求的.

注 该例中的变换矩阵显然不是唯一的，尽管如此，选取不同的P所得到的$\hat{A}$都和(2.85)相似. 特别地，不同的$\hat{A}$的不能控部分的特征值都和(2.85)中A_3的特征值一样，即都是

$$0 = \det(\lambda I - A_3) = \lambda^2 - 7\lambda - 23 \tag{2.86}$$

的根. 当将线性反馈控制作用于(2.82)时，这些根不会改变.

当然，对于任何给定的传递矩阵$\boldsymbol{G}(s)$，满足定理2.20的最小实现有无穷多个. 然而，下面将证明任何两个最小实现之间是代数等价的.

定理2.21　设$\{\boldsymbol{A},\boldsymbol{B},\boldsymbol{C}\}=R$是$\boldsymbol{G}(s)$的一个最小实现，则$\{\hat{\boldsymbol{A}},\hat{\boldsymbol{B}},\hat{\boldsymbol{C}}\}=\hat{R}$也是$\boldsymbol{G}(s)$的一个最小实现的充要条件是(2.78)成立.

证　充分性. 如果(2.78)成立，则由定理2.19知$\hat{R}$是一个实现且是最小实现，因为$\boldsymbol{A}$和$\hat{\boldsymbol{A}}$有相同的阶数.

必要性. 设$\boldsymbol{U},\hat{\boldsymbol{U}}$和$\boldsymbol{V},\hat{\boldsymbol{V}}$分别是最小实现$R$和$\hat{R}$的由(2.5)和(2.32)所给出的能控性矩阵和能观性矩阵. 现在来证明如果取变换矩阵为

$$\boldsymbol{P}=(\hat{\boldsymbol{V}}^{\mathrm{T}}\hat{\boldsymbol{V}})^{-1}\hat{\boldsymbol{V}}^{\mathrm{T}}\boldsymbol{V}, \tag{2.87}$$

则(2.78)成立. 由于$\boldsymbol{V}$和$\hat{\boldsymbol{V}}$都对应于最小实现，由定理2.20知它们的秩都是n，所以(2.87)右边的矩阵是存在的. 因为$\boldsymbol{A}$和$\hat{\boldsymbol{A}}$有相同的阶数，由(2.80)可推出

$$\boldsymbol{V}\boldsymbol{U}=\hat{\boldsymbol{V}}\hat{\boldsymbol{U}}, \tag{2.88}$$

而且通过类似的推证，利用(2.79)，得

$$\boldsymbol{V}\boldsymbol{A}\boldsymbol{U}=\hat{\boldsymbol{V}}\hat{\boldsymbol{A}}\hat{\boldsymbol{U}}. \tag{2.89}$$

以$(\hat{\boldsymbol{V}}^{\mathrm{T}}\hat{\boldsymbol{V}})^{-1}\hat{\boldsymbol{V}}^{\mathrm{T}}$左乘(2.88)两边，得

$$\boldsymbol{P}\boldsymbol{U}=\hat{\boldsymbol{U}}. \tag{2.90}$$

因为$\boldsymbol{U}$和$\hat{\boldsymbol{U}}$的秩都是n，所以由(2.90)知$\boldsymbol{P}$的秩是n，即$\boldsymbol{P}$是非奇异的. 另外，展开(2.90)得

$$\boldsymbol{P}(\boldsymbol{B},\boldsymbol{A}\boldsymbol{B},\cdots)=(\hat{\boldsymbol{B}},\hat{\boldsymbol{A}}\hat{\boldsymbol{B}},\cdots).$$

于是

$$\boldsymbol{P}\boldsymbol{B}=\hat{\boldsymbol{B}},$$

其中$\boldsymbol{P}$的定义是(2.87). 由(2.90)显然可得

$$\boldsymbol{P}=\hat{\boldsymbol{U}}\boldsymbol{U}^{\mathrm{T}}(\boldsymbol{U}\boldsymbol{U}^{\mathrm{T}})^{-1}. \tag{2.91}$$

以$\boldsymbol{U}^{\mathrm{T}}(\boldsymbol{U}\boldsymbol{U}^{\mathrm{T}})^{-1}$右乘(2.88)两边，并利用(2.91)，得

$$\boldsymbol{V}=\hat{\boldsymbol{V}}\boldsymbol{P}.$$

由此结合(2.32)得$\boldsymbol{C}=\hat{\boldsymbol{C}}\boldsymbol{P}$.

最后，由(2.87)，(2.89)和(2.91)可验证

$$\boldsymbol{P}\boldsymbol{A}=\hat{\boldsymbol{A}}\boldsymbol{P},$$

这一点留给读者作为练习. □

习 题 二

2.1 判断下列系统的能控性:

(1) $\begin{bmatrix}\dot{x}_1\\ \dot{x}_2\end{bmatrix}=\begin{bmatrix}1&1\\1&0\end{bmatrix}\begin{bmatrix}x_1\\x_2\end{bmatrix}+\begin{bmatrix}0\\1\end{bmatrix}u;$

(2) $\begin{bmatrix}\dot{x}_1\\ \dot{x}_2\\ \dot{x}_3\end{bmatrix}=\begin{bmatrix}0&1&0\\0&0&1\\-2&-4&3\end{bmatrix}\begin{bmatrix}x_1\\x_2\\x_3\end{bmatrix}+\begin{bmatrix}1&0\\0&1\\-1&1\end{bmatrix}\begin{bmatrix}u_1\\u_2\end{bmatrix};$

(3) $\begin{bmatrix}\dot{x}_1\\ \dot{x}_2\\ \dot{x}_3\end{bmatrix}=\begin{bmatrix}-3&1&0\\0&-3&0\\0&0&-1\end{bmatrix}\begin{bmatrix}x_1\\x_2\\x_3\end{bmatrix}+\begin{bmatrix}1&-1\\0&0\\2&0\end{bmatrix}\begin{bmatrix}u_1\\u_2\end{bmatrix};$

(4) $\begin{bmatrix}\dot{x}_1\\ \dot{x}_2\\ \dot{x}_3\\ \dot{x}_4\end{bmatrix}=\begin{bmatrix}\lambda_1&0&0&0\\0&\lambda_2&0&0\\0&0&\lambda_3&0\\0&0&0&\lambda_4\end{bmatrix}\begin{bmatrix}x_1\\x_2\\x_3\\x_4\end{bmatrix}+\begin{bmatrix}0\\1\\1\\1\end{bmatrix}u;$

(5) $\begin{bmatrix}\dot{x}_1\\ \dot{x}_2\\ \dot{x}_3\end{bmatrix}=\begin{bmatrix}0&4&3\\0&20&16\\0&-25&-20\end{bmatrix}\begin{bmatrix}x_1\\x_2\\x_3\end{bmatrix}+\begin{bmatrix}-1\\3\\0\end{bmatrix}u.$

2.2 判断下列系统的能观性:

(1) $\begin{bmatrix}\dot{x}_1\\ \dot{x}_2\end{bmatrix}=\begin{bmatrix}1&1\\1&0\end{bmatrix}\begin{bmatrix}x_1\\x_2\end{bmatrix},\ y=(1,1)\begin{bmatrix}x_1\\x_2\end{bmatrix};$

(2) $\begin{bmatrix}\dot{x}_1\\ \dot{x}_2\\ \dot{x}_3\end{bmatrix}=\begin{bmatrix}0&1&0\\0&0&1\\-2&-4&3\end{bmatrix}\begin{bmatrix}x_1\\x_2\\x_3\end{bmatrix},\ \begin{bmatrix}y_1\\y_2\end{bmatrix}=\begin{bmatrix}0&1&-1\\1&2&1\end{bmatrix}\begin{bmatrix}x_1\\x_2\\x_3\end{bmatrix};$

(3) $\begin{bmatrix}\dot{x}_1\\ \dot{x}_2\\ \dot{x}_3\end{bmatrix}=\begin{bmatrix}2&1&0\\0&2&0\\0&0&-3\end{bmatrix}\begin{bmatrix}x_1\\x_2\\x_3\end{bmatrix},\ y=(0,1,1)\begin{bmatrix}x_1\\x_2\\x_3\end{bmatrix}.$

2.3 试确定 p 与 q 为何值时下列系统不能控，为何值时不能观?

$$\begin{pmatrix}\dot{x}_1\\ \dot{x}_2\end{pmatrix}=\begin{pmatrix}1 & 12\\ 1 & 0\end{pmatrix}\begin{pmatrix}x_1\\ x_2\end{pmatrix}+\begin{pmatrix}p\\ -1\end{pmatrix}u,\quad y=(q,1)\begin{pmatrix}x_1\\ x_2\end{pmatrix}.$$

2.4　试证明如下系统

$$\begin{pmatrix}\dot{x}_1\\ \dot{x}_2\\ \dot{x}_3\end{pmatrix}=\begin{pmatrix}20 & -1 & 0\\ 4 & 16 & 0\\ 12 & 0 & 18\end{pmatrix}\begin{pmatrix}x_1\\ x_2\\ x_3\end{pmatrix}+\begin{pmatrix}a\\ b\\ c\end{pmatrix}u$$

不论 a,b,c 取何值都不能控.

2.5　设 $\boldsymbol{U}(t_0,t_1)$ 是(2.12)所定义的矩阵，证明它满足矩阵方程

$$\begin{cases}\dot{\boldsymbol{U}}(t,t_1)=\boldsymbol{A}(t)\boldsymbol{U}(t,t_1)+\boldsymbol{U}(t,t_1)\boldsymbol{A}^{\mathrm{T}}(t)-\boldsymbol{B}(t)\boldsymbol{B}^{\mathrm{T}}(t),\\ \boldsymbol{U}(t_1,t_1)=\boldsymbol{O}.\end{cases}$$

2.6　证明：如果将控制能量的度量换为

$$\int_{t_0}^{t_1}\boldsymbol{u}^{\mathrm{T}}(\tau)\boldsymbol{R}(\tau)\boldsymbol{u}(\tau)\mathrm{d}\tau,$$

则定理2.4的结论仍然成立，这里 $\boldsymbol{R}(t)$ 是一个正定对称矩阵，且(2.13)被下式代替：

$$\boldsymbol{u}(t)=-\boldsymbol{R}^{-1}(t)\boldsymbol{B}^{\mathrm{T}}(t)\boldsymbol{\Phi}^{\mathrm{T}}(t_0,t)\boldsymbol{U}_1^{-1}(t_0,t_1)(\boldsymbol{x}_0-\boldsymbol{\Phi}(t_0,t_1)\boldsymbol{x}_f),$$

这里

$$\boldsymbol{U}_1(t_0,t_1)=\int_{t_0}^{t_1}\boldsymbol{\Phi}(t_0,\tau)\boldsymbol{B}(\tau)\boldsymbol{R}^{-1}(\tau)\boldsymbol{B}^{\mathrm{T}}(\tau)\boldsymbol{\Phi}^{\mathrm{T}}(t_0,\tau)\mathrm{d}\tau.$$

2.7　设 $[\boldsymbol{A},\boldsymbol{c}]$ 是完全能观的，这里 $\boldsymbol{c}$ 是一个 n 维行向量，且 $\boldsymbol{A}$ 有 n 个不相等的特征值. 证明：若 $\boldsymbol{w}_1,\boldsymbol{w}_2,\cdots,\boldsymbol{w}_n$ 是 $\boldsymbol{A}$ 右特征向量，则

$$\boldsymbol{c}\boldsymbol{w}_i\neq 0,\quad i=1,2,\cdots,n.$$

2.8　证明由(2.28)所定义的矩阵 $\boldsymbol{V}(t_0,t_1)$ 满足微分方程

$$\dot{\boldsymbol{V}}(t,t_1)=-\boldsymbol{A}^{\mathrm{T}}(t)\boldsymbol{V}(t,t_1)-\boldsymbol{V}(t,t_1)\boldsymbol{A}(t)-\boldsymbol{C}^{\mathrm{T}}(t)\boldsymbol{C}(t),$$

$$\boldsymbol{V}(t_1,t_1)=\boldsymbol{O}.$$

2.9　证明：如果由(2.5)和(2.32)定义的能控性矩阵 $\boldsymbol{U}$ 和能观性矩阵 $\boldsymbol{V}$ 的秩都是 n，则矩阵 $\boldsymbol{V}\boldsymbol{U}$ 的秩也是 n.

2.10　证明：如果定常系统初始状态不是完全能观的，而且满足 $\boldsymbol{V}\boldsymbol{x}(0)\equiv\boldsymbol{0}$，这里 $\boldsymbol{V}$ 由(2.32)定义，则有 $\boldsymbol{y}(t)\equiv\boldsymbol{0}$，$t\geqslant 0$.（提示：可以假设系统具有(2.37)的形式.）

2.11　试写出关于能观性的与定理2.7相对应的结论，并通过用 $\boldsymbol{V}(t_0,t_1)$ 来表示 $\hat{\boldsymbol{V}}(t_0,t_1)$ 的方法证明该结论.

2.12 设

$$A=\begin{pmatrix}-1 & -1\\ 2 & -4\end{pmatrix},\quad b=\begin{pmatrix}1\\ 3\end{pmatrix},$$

试用定理 2.16 所给的方法找一个 1×2 矩阵 $\boldsymbol{K}$，使得到的闭环系统的特征值为 -4 和 -5.

2.13 设

$$A=\begin{pmatrix}1 & 0 & -1\\ 1 & 2 & 1\\ 2 & 2 & 3\end{pmatrix},\quad b=\begin{pmatrix}1\\ 0\\ 1\end{pmatrix},$$

试用定理 2.16 所给的方法找一个 1×3 矩阵 $\boldsymbol{K}$，使得到的闭环系统的特征值为 -1 和 $-1\pm 2i$.

2.14 验证定理 2.20 的证明中第二部分出现的系统 $[\boldsymbol{A}_1, \boldsymbol{B}_1]$ 是完全能控的.

第三章 稳定性

控制系统最重要的特性是稳定性. 所谓稳定性是指在各种不利因素的影响下，系统能够保持预定工作状态能力的一种度量. 稳定性问题实质上是控制系统自身属性的问题. 在大多数情况下，稳定是系统能够正常运行的前提.

3.1 稳定性概念

考虑系统

$$\dot{\boldsymbol{x}} = \boldsymbol{f}(\boldsymbol{x}, t), \tag{3.1}$$

这里 $\boldsymbol{x}(t)$ 是 n 维状态变量，$\boldsymbol{f}$ 是一个 n 维向量，其分量为 $f_i(x_1, x_2, \cdots, x_n, t)$, $i = 1, 2, \cdots, n$. 我们假定 f_i 是连续函数，并且有一阶连续偏导数，于是，对于任意给定的初始条件

$$\boldsymbol{x}(t_0) = \boldsymbol{x}_0, \tag{3.2}$$

系统(3.1) 存在唯一解. 如果 f_i 不显含 t，则称(3.1) 为**自治系统**，否则称为**非自治系统**.

如果 $\boldsymbol{c} = (c_1, c_2, \cdots, c_n)^{\mathrm{T}}$ 是一个常数向量，且对任何 t，都有

$$\boldsymbol{f}(\boldsymbol{c}, t) = \boldsymbol{0}$$

成立，则显然 $\boldsymbol{x} = \boldsymbol{c}$ 是系统(3.1) 的满足初始条件 $\boldsymbol{x}(t_0) = \boldsymbol{c}$ 的解，这样的解叫做**平衡解**或**稳态解**，也叫做**平衡点**.

当 $\boldsymbol{c}$ 是平衡解时，引入新的变量

$$x_i' = x_i - c_i, \quad i = 1, 2, \cdots, n$$

后得到的新系统中，坐标原点(即零向量) 将成为平衡点. 这就是说，系统(3.1) 的任何一个平衡点都可以通过变量变换转移成为新系统的零解，于是，在下面的讨论中我们始终假定原点是平衡点，并假定在原点的某邻域中系统没有别的常数解，这样的平衡点叫做**孤立平衡点**.

定义 3.1 设 $\boldsymbol{x}=\boldsymbol{0}$ 是系统(3.1)的平衡点.

(ⅰ) 如果对任意的 $\varepsilon>0$，存在 $\delta>0$，使得当 $\|\boldsymbol{x}(t_0)\|<\delta$ 时，总有

$$\|\boldsymbol{x}(t)\|<\varepsilon,\quad t\geqslant t_0,$$

则称平衡点 $\boldsymbol{x}=\boldsymbol{0}$ 是**稳定的**.

(ⅱ) 若平衡点 $\boldsymbol{x}=\boldsymbol{0}$ 是稳定的，而且当 $t\to\infty$ 时，$\boldsymbol{x}(t)\to\boldsymbol{0}$，则称平衡点 $\boldsymbol{x}=\boldsymbol{0}$ 是**渐近稳定的**.

(ⅲ) 若平衡点 $\boldsymbol{x}=\boldsymbol{0}$ 不是稳定的，则称为**不稳定的**. 即存在 $\varepsilon>0$，使得对任意的 $\delta>0$，都有满足 $\|\boldsymbol{x}(t_0)\|<\delta$ 的 $\boldsymbol{x}(t_0)$，使得对某个 $t_1\geqslant t_0$，

$$\|\boldsymbol{x}(t_1)\|\geqslant\varepsilon$$

成立. 如果对满足 $\|\boldsymbol{x}(t_0)\|<\delta$ 的一切 $\boldsymbol{x}(t_0)$，都有上述关系成立，则称平衡点 $\boldsymbol{x}=\boldsymbol{0}$ 是**完全不稳定的**.

定义中 $\|\cdot\|$ 是欧氏范数.

定义 3.1 中(ⅰ)所描述的稳定性通常叫做**李雅普洛夫意义下的稳定性**. 需要注意的是：(1) 我们通常的提法是系统(3.1)的平衡点的稳定性，而不是系统的稳定性，因为同一系统可有不同的平衡点，而不同的平衡点往往有不同的稳定性. (2) 在工程技术领域人们更希望的是渐近稳定性而非稳定性，因为渐近稳定保证了系统最终返回平衡点，而稳定只保证连续的偏差离平衡状态不会太远.

3.2 线性系统的代数判断依据

在讨论非线性系统之前，我们先讨论一般的线性系统

$$\dot{\boldsymbol{x}}=\boldsymbol{A}\boldsymbol{x},\tag{3.3}$$

这里 $\boldsymbol{A}$ 是元素为常数的 $n\times n$ 矩阵. 若 $\boldsymbol{A}$ 是非奇异矩阵，则系统(3.3)只有一个平衡点 $\boldsymbol{x}=\boldsymbol{0}$，在这种情况下，也可用系统(3.3)的稳定性这样的提法.

定理 3.1 系统(3.1)是渐近稳定的当且仅当 $\boldsymbol{A}$ 是稳定矩阵，即 $\boldsymbol{A}$ 的所有特征值 λ_k 都有负实部；如果对某个 λ_k，有 $\mathrm{Re}(\lambda_k)>0$，则(3.3)是不稳定的；如果对所有的 λ_k，都有 $\mathrm{Re}(\lambda_k)>0$，则(3.3)是完全不稳定的.

证 定常系统(3.3)满足初值条件 $\boldsymbol{x}(0)=\boldsymbol{x}_0$ 的解为

$$\boldsymbol{x}(t)=\exp(\boldsymbol{A}t)\boldsymbol{x}_0.\tag{3.4}$$

若$\boldsymbol{A}$的特征值为λ_k，$k=1,2,\cdots,q$，且λ_k为α_k重特征值，则

$$\exp(\boldsymbol{A}t)=\sum_{k=1}^{q}(\boldsymbol{Z}_{k1}+\boldsymbol{Z}_{k2}t+\cdots+\boldsymbol{Z}_{k\alpha_k}t^{\alpha_k-1})\exp(\lambda_k t),$$

这里$\boldsymbol{Z}_{kl}$都是完全由$\boldsymbol{A}$确定的常数矩阵. 于是

$$\begin{aligned}\|\exp(\boldsymbol{A}t)\| &\leqslant \sum_{k=1}^{q}\sum_{l=1}^{\alpha_k}t^{l-1}\|\exp(\lambda_k t)\|\|\boldsymbol{Z}_{kl}\| \\ &= \sum_{k=1}^{q}\sum_{l=1}^{\alpha_k}t^{l-1}\exp(\mathrm{Re}(\lambda_k)t)\|\boldsymbol{Z}_{kl}\|.\end{aligned} \tag{3.5}$$

如果对所有的k，$\mathrm{Re}(\lambda_k)<0$，由于上式右边是有限项求和，则当$t\to\infty$时，上式右边趋于0. 而由(3.4)，

$$\|\boldsymbol{x}(t)\|\leqslant\|\exp(\boldsymbol{A}t)\|\|\boldsymbol{x}_0\|,$$

因此系统是渐近稳定的.

如果某个$\mathrm{Re}(\lambda_k)>0$，则由$\exp(\boldsymbol{A}t)$的表示式知，当$t\to\infty$时，$\|\boldsymbol{x}(t)\|\to\infty$，于是原点是不稳定的. □

定理3.2　设矩阵$\boldsymbol{A}$的所有特征值的实部都小于或等于零. 若$\lambda_1,\lambda_2,\cdots,\lambda_l$是$\boldsymbol{A}$的具有零实部的特征值，$\beta_i(i=1,2,\cdots,l)$是$\lambda\boldsymbol{I}-\boldsymbol{A}$的初等因子中因子$\lambda-\lambda_i$的最高幂，则当$\beta_1=\beta_2=\cdots=\beta_l=1$时，(3.3)是稳定的但不是渐近稳定的；当至少有一个$\beta_i>1$时，(3.3)是不稳定的.

可见，矩阵$\boldsymbol{A}$的特征值的实部的符号对稳定性的判别很重要，矩阵$\boldsymbol{A}$的特征多项式为

$$\det(\lambda\boldsymbol{I}-\boldsymbol{A})=\lambda^n+a_1\lambda^{n-1}+\cdots+a_{n-1}\lambda+a_n=a(\lambda). \tag{3.6}$$

一般地，求特征多项式的零点(即$\boldsymbol{A}$的特征值)是困难的，下面的结论给出了不需求解直接判断特征值是否具有负实部的一个方法.

定理3.3　设$a(\lambda)$是(3.6)表示的多项式，$n\times n$矩阵

$$\boldsymbol{H}=\begin{pmatrix}a_1 & a_3 & a_5 & \cdots & a_{2n-1}\\ 1 & a_2 & a_4 & \cdots & a_{2n-2}\\ 0 & a_1 & a_3 & \cdots & a_{2n-3}\\ 0 & 1 & a_2 & \cdots & a_{2n-4}\\ \vdots & \vdots & \vdots & & \vdots\\ 0 & 0 & 0 & \cdots & a_n\end{pmatrix} \tag{3.7}$$

叫做$a(\lambda)$对应的**Hurwitz**矩阵，其中$r>n$时，$a_r=0$. 若H_i为$\boldsymbol{H}$的

第 i 个顺序主子式，则 $a(\lambda)$ 的特征值都具有负实部的充要条件是

$$H_i > 0, \quad i = 1,2,\cdots,n.$$

定理3.4 设系统(3.3)是渐近稳定的，如果$\boldsymbol{A}$的特征多项式(3.6)中$a(\lambda)$的系数 a_i 都是实数，则 $a_i > 0$, $i = 1,2,\cdots,n$.

证 由于实系数多项式的复数零点总是以共轭的形式成对出现的，如$\alpha \pm \mathrm{i}\beta$是$a(\lambda)$的零点，则在$a(\lambda)$的因式分解中的对应项是

$$(\lambda - \alpha - \mathrm{i}\beta)(\lambda - \alpha + \mathrm{i}\beta) = \lambda^2 - 2\alpha\lambda + \alpha^2 + \beta^2.$$

因系统是渐近稳定的，由定理3.1知$\alpha < 0$. 同时，$a(\lambda)$的实数零点在因式分解中对应项为$\lambda + \gamma$且$\gamma > 0$. 因此$a(\lambda)$在实数范围内的因式分解为

$$a(\lambda) = \prod(\lambda + \gamma)\prod(\lambda^2 - 2\alpha\lambda + \alpha^2 + \beta^2).$$

由于上式右端的系数全是正数，所以其左端多项式$a(\lambda)$的系数a_i也全为正数.

3.3 Liapunov 理论

现在讨论由俄国数学家 Liapunov 给出的“第二方法”或叫做“直接方法”的理论. 1892 年，Liapunov 在他的博士论文“运动稳定性的一般问题”中提出著名的Liapunov稳定性理论. 迄今为止，Liapunov稳定性理论仍然是控制系统稳定性判别的通用方法，并适用于各种类型的系统. 由于早期的控制系统结构相对简单，经典的系统稳定性判断依据已能解决早期所研究的问题，Liapunov 稳定性理论在约 60 年的时间里没有引起人们的重视. 随着控制理论研究的发展，控制系统的结构日趋复杂，经典的系统稳定性判断依据已不能满足系统稳定性分析的需要，在状态空间分析法的基础上，Liapunov 稳定性理论开始引起人们的重视，并取得了许多卓有成效的工作. 当前，Liapunov 稳定性理论已是现代控制理论的一个非常重要的基础组成部分.

考虑非线性自治系统

$$\begin{cases} \dot{\boldsymbol{x}} = \boldsymbol{f}(\boldsymbol{x}), \\ \boldsymbol{f}(\boldsymbol{0}) = \boldsymbol{0} \end{cases} \tag{3.8}$$

满足初值条件 $\boldsymbol{x}(t_0) = \boldsymbol{x}_0$.

Liapunov"直接方法"的目的是不需求出方程的解而直接判断平衡点的稳定性. 本质思想是推广力学中保守系统的能量V，那里有一个重要的结论是：如果平衡点是稳定的，则能量必定最小. 因此V是一个正定函数，在平衡点的某邻域内其导数$\dot{V}$是负的. 更一般地，我们定义Liapunov函数如下.

定义 3.2 函数$V(\boldsymbol{x})$称为 **Liapunov 函数**，如果

(ⅰ) $V(\boldsymbol{x})$及其偏导数$\dfrac{\partial V}{\partial x_i}$都连续；

(ⅱ) $V(\boldsymbol{x})$是正定的，即在原点的某邻域$\|\boldsymbol{x}\| \leqslant k$内，$V(\boldsymbol{0}) = 0$且对一切$\boldsymbol{x} \neq \boldsymbol{0}$，$V(\boldsymbol{x}) > 0$；

(ⅲ) $V(\boldsymbol{x})$关于(3.8)的导数，即

$$\begin{aligned}\dot{V} &= \frac{\partial V}{\partial x_1}\dot{x}_1 + \frac{\partial V}{\partial x_2}\dot{x}_2 + \cdots + \frac{\partial V}{\partial x_n}\dot{x}_n \\ &= \frac{\partial V}{\partial x_1}f_1 + \frac{\partial V}{\partial x_2}f_2 + \cdots + \frac{\partial V}{\partial x_n}f_n \qquad (3.9)\end{aligned}$$

是半负定的，即在原点的某邻域$\|\boldsymbol{x}\| \leqslant k$内，$\dot{V}(\boldsymbol{0}) = 0$且对一切$\boldsymbol{x} \neq \boldsymbol{0}$，$\dot{V}(\boldsymbol{x}) \leqslant 0$.

定理 3.5 如果存在一个满足以上定义的 Liapunov 函数，则非线性系统(3.8)的原点是稳定的.

证 根据V的符号特征，存在一个以r为自变量的函数$\varphi(r)$，$\varphi(0) = 0$，且当$0 \leqslant r \leqslant k$时，$\varphi(r)$严格单调递增，使得

$$V(\boldsymbol{x}) \geqslant \varphi(\|\boldsymbol{x}\|). \qquad (3.10)$$

现设$\varepsilon > 0$给定，则由于$\varphi(\varepsilon) > 0$，$V(\boldsymbol{0}) = 0$，而$V(\boldsymbol{x})$是连续的，所以存在$\delta(t_0, \varepsilon) > 0$，当$\|\boldsymbol{x}_0\| < \delta(t_0, \varepsilon)$时，有

$$V(\boldsymbol{x}_0) < \varphi(\varepsilon). \qquad (3.11)$$

由于$\dot{V} \leqslant 0$，对任意的$t_1 \geqslant t_0$，利用(3.11)得

$$V(\boldsymbol{x}(t_1)) \leqslant V(\boldsymbol{x}(t_0)) < \varphi(\varepsilon). \qquad (3.12)$$

如果存在某个$t_1 \geqslant t_0$使得$\|\boldsymbol{x}(t_1)\| \geqslant \varepsilon$，则由(3.10)得

$$V(\boldsymbol{x}(t_1)) \geqslant \varphi(\|\boldsymbol{x}(t_1)\|) \geqslant \varphi(\varepsilon).$$

这与(3.12)矛盾. 因此，对所有的$t_1 \geqslant t_0$都有$\|\boldsymbol{x}(t_1)\| < \varepsilon$. 于是，原点是稳定的. □

类似于定理 3.5 的证明，可得

定理3.6 如果存在一个满足定义3.2的Liapunov函数，且其导数(3.9)是负定的，则(3.8)的原点是渐近稳定的.

注 需要注意的是，即使定理3.5中的函数V在整个状态空间都满足定理的条件，也不一定能推出原点在大范围内都渐近稳定的结论. 因为这要求$V(\boldsymbol{x})$必须另外具有径向无界的特性，即对所有的$\boldsymbol{x}$，当$\|\boldsymbol{x}\| \to \infty$时，$V(\boldsymbol{x}) \to \infty$. 例如，$V = {x_1}^2 + {x_2}^2$是径向无界的，但

$$V = \frac{{x_1}^2}{1 + {x_1}^2} + {x_2}^2$$

不是径向无界的，如$x_1 \to \infty$，$x_2 \to 0$时，$V(\boldsymbol{x}) \to 1$.

定义3.3 如果$\boldsymbol{x} = \boldsymbol{0}$渐近稳定，且存在集合$D$，当且仅当$\boldsymbol{x}_0 \in D$时，系统(3.8)满足初值条件$\boldsymbol{x}(t_0) = \boldsymbol{x}_0$的解$\boldsymbol{x}(t)$均有

$$\lim_{t \to +\infty} \boldsymbol{x}(t) = \boldsymbol{0},$$

则称D为**渐近稳定域**或**吸引域**. 若吸引域为全空间，则称零解为**全局渐近稳定的**，简称**全局稳定的**.

注意到定理3.5和定理3.6实际上都是充分条件，如果平衡点本身是不稳定的，则寻找满足要求的Liapunov函数就是徒劳的. 这样，下面的结论是有实用价值的.

定理3.7 设函数$V(\boldsymbol{x})$满足$V(\boldsymbol{0}) = 0$，且有连续的一阶偏导数. 如果$V(\boldsymbol{x})$在原点的某邻域取负值，并且(3.9)给出的$\dot{V}$是半负定的，则(3.8)的原点不是渐近稳定的. 如果$\dot{V}$是负定的，则(3.8)的原点是不稳定的. 如果$V(\boldsymbol{x})$和$\dot{V}$都是负定的，则(3.8)的原点是完全不稳定的.

这个定理可按定理3.5的思路去证明. 需要注意的是定理3.7的前两部分没有要求V在原点的某邻域中全取负值，而仅在靠近原点的某些点取负值.

3.4 Liapunov理论在线性系统中的应用

考虑线性定常系统

$$\dot{\boldsymbol{x}} = \boldsymbol{A}\boldsymbol{x}, \tag{3.13}$$

在 3.2 节中我们已给出了利用 $\boldsymbol{A}$ 的特征值决定系统的渐近稳定性的判断依据. 我们现在利用 Liapunov 理论来直接处理这一问题. 取二次型形式的 Liapunov 函数

$$V = \boldsymbol{x}^{\mathrm{T}}\boldsymbol{P}\boldsymbol{x}, \tag{3.14}$$

这里 $\boldsymbol{P}$ 是实对称矩阵. V 通过(3.13) 的关于 t 的导数为

$$\begin{aligned}\dot{V} &= \dot{\boldsymbol{x}}^{\mathrm{T}}\boldsymbol{P}\boldsymbol{x} + \boldsymbol{x}^{\mathrm{T}}\boldsymbol{P}\dot{\boldsymbol{x}} = \boldsymbol{x}^{\mathrm{T}}\boldsymbol{A}^{\mathrm{T}}\boldsymbol{P}\boldsymbol{x} + \boldsymbol{x}^{\mathrm{T}}\boldsymbol{P}\boldsymbol{A}\boldsymbol{x} \\ &= -\boldsymbol{x}^{\mathrm{T}}\boldsymbol{Q}\boldsymbol{x},\end{aligned}$$

这里

$$\boldsymbol{A}^{\mathrm{T}}\boldsymbol{P} + \boldsymbol{P}\boldsymbol{A} = -\boldsymbol{Q}, \tag{3.15}$$

易见 $\boldsymbol{Q}$ 也是对称矩阵. 当 $\boldsymbol{A}$ 和 $\boldsymbol{Q}$ 都给定时，(3.15) 是以 $\boldsymbol{P}$ 为未知量的矩阵方程，称为 **Liapunov 方程**.

定理 3.8　实矩阵 $\boldsymbol{A}$ 是稳定矩阵的充要条件是：对于任意给定的实对称正定矩阵 $\boldsymbol{Q}$，Liapunov 矩阵方程(3.15) 的解 $\boldsymbol{P}$ 也是正定的.

注　实际应用中判断线性定常系统的稳定性往往是利用代数判断依据，上面的定理主要是理论价值. 定理 3.8 说明了 Liapunov 直接方法对线性系统和非线性系统都适用，是一种判断线性和非线性系统稳定性的统一方法.

线性理论的一个用途是这种思想可通过线性化推广到非线性系统. 假设(3.8) 中的 $\boldsymbol{f}$ 的分量可使我们应用 Taylor 定理得到

$$\boldsymbol{f}(\boldsymbol{x}) = \boldsymbol{A}\boldsymbol{x} + \boldsymbol{g}(\boldsymbol{x}), \tag{3.16}$$

这里利用了 $\boldsymbol{f}(\boldsymbol{0}) = \boldsymbol{0}$. (3.16) 中的 $\boldsymbol{A}$ 是一个 $n \times n$ 矩阵，其元素为

$$\left.\frac{\partial f_i}{\partial x_j}\right|_{x=0}, \quad i,j = 1,2,\cdots,n,$$

$\boldsymbol{g}(\boldsymbol{0}) = \boldsymbol{0}$ 且 $\boldsymbol{g}$ 的分量可展开为 $x_1, x_2, \cdots, x_n$ 的幂级数，其最低阶为二阶. 系统

$$\dot{\boldsymbol{x}} = \boldsymbol{A}\boldsymbol{x} \tag{3.17}$$

叫做(3.8) 的**一阶近似系统**. 于是，我们有

定理 3.9 (Liapunov 线性化定理)　如果(3.17) 是渐近稳定的，或不稳定的，$\boldsymbol{f}(\boldsymbol{x})$ 可表示为(3.16)，则非线性系统 $\dot{\boldsymbol{x}} = \boldsymbol{f}(\boldsymbol{x})$ 的原点与其线性化近似系统(3.17) 有相同的稳定性.

证 考虑函数 $V=\boldsymbol{x}^{\mathrm{T}}\boldsymbol{P}\boldsymbol{x}$，其中 $\boldsymbol{P}$ 满足

$$\boldsymbol{A}^{\mathrm{T}}\boldsymbol{P}+\boldsymbol{P}\boldsymbol{A}=-\boldsymbol{Q},$$

这里 $\boldsymbol{Q}$ 是一个任意的实对称正定矩阵. 如果(3.17) 是渐近稳定的，由定理 3.8 知 $\boldsymbol{P}$ 是正定的. V 关于(3.16) 的导数为

$$\dot{V}=-\boldsymbol{x}^{\mathrm{T}}\boldsymbol{Q}\boldsymbol{x}+2\boldsymbol{g}^{\mathrm{T}}\boldsymbol{P}\boldsymbol{x}. \tag{3.18}$$

根据 $\boldsymbol{g}$ 的特点，(3.18) 中的第二项最低为三次幂，于是，$\boldsymbol{x}$ 充分靠近原点时，$\dot{V}<0$. 因此，由定理 3.5 知(3.16) 的原点是渐近稳定的.

反之，如果(3.17) 是不稳定的，$\dot{V}$ 仍然是负定的但 $\boldsymbol{P}$ 是不定的，则 V 可以取负值，因此满足了定理 3.7 中不稳定的条件. □

3.5 Liapunov 函数的选取

应用 Liapunov 第二方法判断微分方程组零解的稳定性的关键是找到合适的 Liapunov 函数，如何构造满足特定性质的 Liapunov 函数是一个有趣而复杂的问题.

1. 变量-梯度法

变量-梯度法由舒尔茨(Shultz) 和吉布森(Gibson) 于 1962 年提出. 该方法的特点是采用反向思维的 Liapunov 函数构造思路. 首先按照 Liapunov 稳定性判定定理的条件构造 Liapunov 函数的导数，在此基础上确定出 Liapunov 函数，继而判断候选 Liapunov 函数的正定性. 若正定条件满足，则 Liapunov 函数构造成功，反之，则 Liapunov 函数构造失败，可以考虑重新选取.

在前面关于渐近稳定和不稳定的定理中，都要求 Liapunov 函数 V 的关于系统(3.8) 的导数 $\dot{V}$ 是负定的，这是寻找 Liapunov 函数的一个考虑因素. 如(3.9) 那样，$\dot{V}$ 应表为

$$\dot{V}=\frac{\partial V}{\partial x_1}f_1+\frac{\partial V}{\partial x_2}f_2+\cdots+\frac{\partial V}{\partial x_n}f_n=(\nabla V)^{\mathrm{T}}\boldsymbol{f}, \tag{3.19}$$

这里

$$\nabla V=\left(\frac{\partial V}{\partial x_1},\frac{\partial V}{\partial x_2},\cdots,\frac{\partial V}{\partial x_n}\right)^{\mathrm{T}} \tag{3.20}$$

是V的梯度. 变量-梯度法的主要思想是假设 Liapunov 函数V的梯度的形式为

$$\nabla V=\begin{pmatrix}\alpha_{11}x_1+\alpha_{12}x_2+\cdots+\alpha_{1n}x_n\\ \alpha_{21}x_1+\alpha_{22}x_2+\cdots+\alpha_{2n}x_n\\ \vdots\\ \alpha_{n1}x_1+\alpha_{n2}x_2+\cdots+\alpha_{nn}x_n\end{pmatrix},\tag{3.21}$$

其中$\alpha_{ij}\,(i,j=1,2,\cdots,n)$是$\boldsymbol{x}$的函数，它们都是待定函数，且使下列条件满足：

（ⅰ）$\dot{V}$是负定的；

（ⅱ）∇V确实是某个纯量函数的梯度.

由向量理论知这就要求∇V的n维旋度恒等于零，即

$$\frac{\partial G_i}{\partial x_j}=\frac{\partial G_j}{\partial x_i},\quad i,j=1,2,\cdots,n\;(i\neq j),\tag{3.22}$$

这里G_i是(3.21)的第i个分量.

一旦条件(3.22)被满足后，就可以选择α_{ij}（选取结果不唯一）以保证$\dot{V}$是负定的，如不能确保$\dot{V}$是负定的，则重新选择α_{ij}. 最后，V通过下面曲线积分获得：

$$V=\int_{(0,0,\cdots,0)}^{(x_1,x_2,\cdots,x_n)}(G_1\mathrm{d}x_1+G_2\mathrm{d}x_2+\cdots+G_n\mathrm{d}x_n).$$

它的一个较为方便的表示式是

$$\int_0^{x_1}G_1(x_1,0,0,\cdots,0)\mathrm{d}x_1+\int_0^{x_2}G_2(x_1,x_2,0,\cdots,0)\mathrm{d}x_2+\cdots$$
$$+\int_0^{x_n}G_1(x_1,x_2,\cdots,x_n)\mathrm{d}x_n.\tag{3.23}$$

由上面的条件确定n^2个函数α_{ij}其结果必然不是唯一的，故这种方法是一种“反复试验”的方法.

例 3.1 讨论系统

$$\begin{cases}\dot{x}_1=-3x_2-x_1{}^5,\\ \dot{x}_2=-2x_2+x_1{}^5\end{cases}$$

的平衡点(0,0)的稳定性.

解 一次近似系统的系数矩阵为

$$\begin{pmatrix}0&-3\\0&-2\end{pmatrix},$$

特征值是 0 和 −2，由定理 3.2 仅能知道一次近似系统是稳定的. 因此不能应用定理 3.9 得出相应的结论.

由(3.19) 和(3.21)，设

$$\begin{aligned}\dot{V} &= -(3x_2 + x_1^5)(\alpha_{11}x_1 + \alpha_{12}x_2) - (2x_2 - x_1^5)(\alpha_{21}x_1 + \alpha_{22}x_2) \\ &= -x_1^2(\alpha_{11}x_1^4 - \alpha_{21}x_1^4) + x_1x_2(-3\alpha_{11} - \alpha_{12}x_1^4 - 2\alpha_{21} \\ &\quad + \alpha_{22}x_1^4) - x_2^2(3\alpha_{12} + 2\alpha_{22}),\end{aligned} \tag{3.24}$$

如选取

$$\alpha_{12} = 0, \quad \alpha_{21} = 0, \quad \alpha_{11} = \frac{1}{3}\alpha_{22}x_1^4,$$

则可使(3.24) 中含 x_1x_2 的项消失，得

$$\dot{V} = -\alpha_{11}x_1^6 - 2\alpha_{22}x_2^2 = -\alpha_{22}\left(\frac{1}{3}x_1^{10} + 2x_2^2\right)$$

于是当 $\alpha_{22} > 0$ 时，$\dot{V}$ 就是负定的. 这时

$$\nabla V = \begin{pmatrix} \frac{1}{3}\alpha_{22}x_1^5 \\ \alpha_{22}x_2 \end{pmatrix} = \begin{pmatrix} G_1 \\ G_2 \end{pmatrix}.$$

因此，旋度条件(3.22) 为

$$\frac{\partial\left(\frac{1}{3}\alpha_{22}x_1^5\right)}{\partial x_2} = \frac{\partial(\alpha_{22}x_2)}{\partial x_1}.$$

只要取 α_{22} 为常数，则旋度条件(3.22) 将被满足. $\dot{V}$ 的负定性已无需验证了. 由(3.23) 得

$$\begin{aligned}V &= \int_0^{x_1} \frac{1}{3}\alpha_{22}x_1^5 \mathrm{d}x_1 + \int_0^{x_2} \alpha_{22}x_2 \mathrm{d}x_2 \\ &= \frac{1}{18}\alpha_{22}(x_1^6 + 9x_2^2).\end{aligned}$$

它是正定的，于是由定理 3.5 知，原点是渐近稳定的.

2. Zubov 法

Zubov 法是先给定一个负定的函数 $\varphi(\boldsymbol{x})$，然后寻找一个 Liapunov 函数 V，使其导数 $\dot{V} = \varphi(\boldsymbol{x})$. 于是我们要求解关于 $V(x_1, x_2, \cdots, x_n)$ 的偏微分方程

$$\frac{\partial V}{\partial x_1}f_1 + \frac{\partial V}{\partial x_2}f_2 + \cdots + \frac{\partial V}{\partial x_n}f_n = \varphi(\boldsymbol{x}), \tag{3.25}$$

取初始条件为 $V(\mathbf{0})=0$. 方程(3.25) 可写为

$$\frac{\mathrm{d}V}{\mathrm{d}t}=\varphi(\boldsymbol{x}).$$

关于 t 积分得

$$V(\boldsymbol{x}(T))-V(\boldsymbol{x}_0)=\int_{t_0}^{T}\varphi(\boldsymbol{x}(t))\mathrm{d}t, \tag{3.26}$$

这里 $\boldsymbol{x}_0=\boldsymbol{x}(t_0)$. 如果(3.8) 的原点是渐近稳定的，且 $\boldsymbol{x}_0$ 在其吸引域内，则在(3.26) 中让 $T\to\infty$ 得到

$$V(\boldsymbol{x}_0)=-\int_{t_0}^{\infty}\varphi\,\mathrm{d}t.$$

由于 $\varphi(\boldsymbol{x})$ 负定，所以 $V(\boldsymbol{x}_0)$ 是正的. 于是可以期望(3.25) 的解是正定的.

例 3.2　考虑系统

$$\begin{cases}\dot{x}_1=-2x_1+2x_2^4,\\ \dot{x}_2=-x_2,\end{cases}$$

取 $\varphi=-24(x_1^2+x_2^2)$，方程(3.25) 变为

$$\frac{\partial V}{\partial x_1}(-2x_1+2x_2^4)+\frac{\partial V}{\partial x_2}(-x_2)=-24(x_1^2+x_2^2).$$

它的一个解是

$$\begin{aligned}V&=6x_1^2+12x_2^2+4x_1x_2^4+x_2^5\\&=2x_1^2+12x_2^2+(2x_1+x_2^4)^2,\end{aligned}$$

它是正定的，这表明原点是渐近稳定的.

3.6　稳定性与控制

现在我们考虑与控制变量相联系的某种意义的稳定性.

1. 有界输入 - 有界输出稳定性

在上一节中，我们说到的稳定性是对离开平衡点的扰动而言的. 当系统中有输入时，定义新的类型的稳定性是有用的.

定义 3.4　非线性系统

$$\begin{cases}\dfrac{\mathrm{d}\boldsymbol{x}}{\mathrm{d}t}=\boldsymbol{f}(\boldsymbol{x},\boldsymbol{u},t),\quad \boldsymbol{f}(\mathbf{0},\mathbf{0},t)=\mathbf{0}, & (3.27)\\ \boldsymbol{y}=\boldsymbol{g}(\boldsymbol{x},\boldsymbol{u},t) & (3.28)\end{cases}$$

称为是**有界输入－有界输出稳定的**，如果任何有界输入都导致有界输出．即给出

$$\|\boldsymbol{u}(t)\| < l_1, \quad t \geqslant t_0, \tag{3.29}$$

这里 l_1 是任意正数，则存在 $l_2 > 0$，使得对任何初始状态 $\boldsymbol{x}(t_0)$，都有

$$\|\boldsymbol{y}(t)\| < l_2, \quad t \geqslant t_0.$$

关于非线性系统的有界输入－有界输出稳定性的研究是一个困难的问题，但是对于通常的线性系统

$$\begin{cases} \dfrac{\mathrm{d}\boldsymbol{x}}{\mathrm{d}t} = \boldsymbol{A}\boldsymbol{x} + \boldsymbol{B}\boldsymbol{u}, & (3.30) \\ \boldsymbol{y} = \boldsymbol{C}\boldsymbol{x} & (3.31) \end{cases}$$

有一些结果．

定理 3.10 如果系统 $\dfrac{\mathrm{d}\boldsymbol{x}}{\mathrm{d}t} = \boldsymbol{A}\boldsymbol{x}$ 是渐近稳定的，则受控系统(3.30)～(3.31) 是有界输入－有界输出稳定的．

证 利用常数变易公式和范数的性质，我们有

$$\begin{aligned} \|\boldsymbol{y}(t)\| &\leqslant \|\boldsymbol{C}\|\|\boldsymbol{x}\| \\ &\leqslant \|\boldsymbol{C}\|\|\exp(\boldsymbol{A}t)\boldsymbol{x}_0\| + \|\boldsymbol{C}\|\int_0^t \|\exp(\boldsymbol{A}(t-\tau))\|\|\boldsymbol{B}\boldsymbol{u}\|\mathrm{d}\tau. \end{aligned} \tag{3.32}$$

如果 $\boldsymbol{A}$ 是稳定矩阵，则

$$\|\exp(\boldsymbol{A}t)\| \leqslant K\exp(-at) \leqslant K, \quad t \geqslant 0 \tag{3.33}$$

对某个常数 $K > 0$ 和 $a > 0$（见(3.5)）成立．因此，由(3.29)，(3.32) 和 (3.33) 推出

$$\begin{aligned} \|\boldsymbol{y}(t)\| &\leqslant \|\boldsymbol{C}\|\left(K\|\boldsymbol{x}_0\| + l_1 K\|\boldsymbol{B}\|\frac{1-\exp(-at)}{a}\right) \\ &\leqslant \|\boldsymbol{C}\|\left(K\|\boldsymbol{x}_0\| + \frac{l_1 K\|\boldsymbol{B}\|}{a}\right), \quad t \geqslant 0, \end{aligned}$$

这表明输出 $\boldsymbol{y}(t)$ 是有界的． □

由定理 2.15 可知，通过非奇异线性变换，可将线性系统分解为完全能控但不能观、完全能控且完全能观、既不能控也不能观和完全能观但不能控 4 个部分，而输入－输出特性只能反映系统的既能控又能观的部分．因此，系统的有界输入－有界输出稳定只意味着其既能控又能观的部分是渐近稳定的，它既不表明也不要求系统的其他部分是渐近稳定的．因此，线

性定常系统(3.30)～(3.31)的有界输入-有界输出稳定不能保证其必然是渐近稳定的. 但若系统不包含不能控或(和)不能观部分，则由有界输入-有界输出稳定可以推出系统是渐近稳定的. 于是有下述结论.

定理3.11　如果受控系统(3.30)～(3.31)是完全能控和完全能观的，并且是有界输入-有界输出稳定的，则

$$\frac{\mathrm{d}\boldsymbol{x}}{\mathrm{d}t}=\boldsymbol{A}\boldsymbol{x}$$

是渐近稳定的.

定理3.12　当$\boldsymbol{A}$是稳定矩阵且控制$\boldsymbol{u}$满足(3.29)的有界性条件时，线性系统(3.30)是不完全能控的.

证　设$V=\boldsymbol{x}^{\mathrm{T}}\boldsymbol{P}\boldsymbol{x}$是自由系统$\dot{\boldsymbol{x}}=\boldsymbol{A}\boldsymbol{x}$的二次型 Liapunov 函数，则对应于(3.30)有

$$\frac{\mathrm{d}V}{\mathrm{d}t}=-\boldsymbol{x}^{\mathrm{T}}\boldsymbol{Q}\boldsymbol{x}+\boldsymbol{u}^{\mathrm{T}}\boldsymbol{B}^{\mathrm{T}}(\nabla V),\tag{3.34}$$

这里$\boldsymbol{P}$和$\boldsymbol{Q}$满足(3.15)，∇V的定义是(3.20). 方程(3.34)右边的第二项关于$\boldsymbol{x}$是线性的，由于$\boldsymbol{u}$是有界的，当$\|\boldsymbol{x}\|$充分大时，$\frac{\mathrm{d}V}{\mathrm{d}t}=\dot{\boldsymbol{x}}^{\mathrm{T}}(\nabla V)$是负的. 这说明对充分大的常数$M>0$，$\frac{\mathrm{d}\boldsymbol{x}}{\mathrm{d}t}$指向$V(\boldsymbol{x})=M$所围区域的内部. 因此，这个区域外部的点是不可达的，由定义知系统不是完全能控的. □

2. 线性反馈——线性系统的镇定问题

线性系统的镇定问题是状态反馈的一个特例. 所谓镇定问题是指在状态反馈下，可以使系统的特征值全部位于复平面的左半平面上，因此是一种特殊的极点配置问题.

考虑线性系统(3.30)：

$$\frac{\mathrm{d}\boldsymbol{x}}{\mathrm{d}t}=\boldsymbol{A}\boldsymbol{x}+\boldsymbol{B}\boldsymbol{u},$$

如果开环系统是不稳定的(即由定理3.1知有一个或更多个特征值的实部是正的)，则一个有应用价值的工作是通过给系统施加控制从而稳定系统——使闭环系统渐近稳定.

如果(3.30)是完全能控的，则由 2.3 节定理 2.16 知，通过反馈控制 $\boldsymbol{x}=\boldsymbol{K}\boldsymbol{u}$，系统的稳定性是能够实现的，因为有无穷多个矩阵 $\boldsymbol{K}$，能使 $\boldsymbol{A}+\boldsymbol{B}\boldsymbol{K}$ 成为稳定矩阵.

如果矩阵对$[\boldsymbol{A},\boldsymbol{B}]$不是完全能控的，则我们可以定义一个较弱的性质如下.

定义 3.5 如果存在一个常数矩阵 $\boldsymbol{K}$，使 $\boldsymbol{A}+\boldsymbol{B}\boldsymbol{K}$ 是渐近稳定的，则称 $[\boldsymbol{A},\boldsymbol{B}]$ 是**能稳的**，或**可镇定的**.

由定理 2.8 所给出的系统(3.30)的标准形我们立即得到

定理 3.13 系统(3.30)能稳的充要条件是(2.22)中的 $\boldsymbol{A}_3$ 是稳定矩阵.

证 如果线性定常系统不是状态完全能控的，作能控子空间分解，得

$$\hat{\boldsymbol{A}}=\boldsymbol{P}^{-1}\boldsymbol{A}\boldsymbol{P}=\begin{pmatrix}\boldsymbol{A}_1 & \boldsymbol{A}_2\\ \boldsymbol{O} & \boldsymbol{A}_3\end{pmatrix},\quad \hat{\boldsymbol{B}}=\boldsymbol{P}^{-1}\boldsymbol{B}=\begin{pmatrix}\boldsymbol{B}_1\\ \boldsymbol{O}\end{pmatrix}, \tag{3.35}$$

$$\hat{\boldsymbol{C}}=\boldsymbol{C}\boldsymbol{P}=(\boldsymbol{C}_1,\boldsymbol{C}_2),$$

则能控子系统是$[\boldsymbol{A}_1,\boldsymbol{B}_1,\boldsymbol{C}_1]$，不能控子系统是$[\boldsymbol{A}_3,\boldsymbol{O},\boldsymbol{C}_2]$. 其特征多项式为

$$|\lambda\boldsymbol{I}-\boldsymbol{A}|=|\lambda\boldsymbol{I}-\hat{\boldsymbol{A}}|=|\lambda\boldsymbol{I}-\boldsymbol{A}_1|\,|\lambda\boldsymbol{I}-\boldsymbol{A}_3|. \tag{3.36}$$

经由 $\boldsymbol{K}=(\boldsymbol{K}_1,\boldsymbol{K}_2)$ 作状态反馈，可得到

$$\begin{aligned}\hat{\boldsymbol{A}}-\hat{\boldsymbol{B}}\boldsymbol{K}&=\begin{pmatrix}\boldsymbol{A}_1 & \boldsymbol{A}_2\\ \boldsymbol{O} & \boldsymbol{A}_3\end{pmatrix}-\begin{pmatrix}\boldsymbol{B}_1\\ \boldsymbol{O}\end{pmatrix}(\boldsymbol{K}_1,\boldsymbol{K}_2)\\ &=\begin{pmatrix}\boldsymbol{A}_1-\boldsymbol{B}_1\boldsymbol{K}_1 & \boldsymbol{A}_2-\boldsymbol{B}_1\boldsymbol{K}_2\\ \boldsymbol{O} & \boldsymbol{A}_3\end{pmatrix},\end{aligned} \tag{3.37}$$

其特征多项式为

$$|\lambda\boldsymbol{I}-(\hat{\boldsymbol{A}}-\hat{\boldsymbol{B}}\boldsymbol{K})|=|\lambda\boldsymbol{I}-(\boldsymbol{A}_1-\boldsymbol{B}_1\boldsymbol{K}_1)|\,|\lambda\boldsymbol{I}-\boldsymbol{A}_2|. \tag{3.38}$$

(3.38)表明，状态反馈不影响不能控子系统$[\boldsymbol{A}_3,\boldsymbol{O},\boldsymbol{C}_2]$，只要不能控子系统是渐近稳定的，就可以通过状态反馈使得能控子系统$[\boldsymbol{A}_1,\boldsymbol{B}_1,\boldsymbol{C}_1]$的特征值具有负实部，也就是该系统是状态反馈可以镇定的.

在这种情况下，反馈控制是 $\boldsymbol{u}=\boldsymbol{K}_1\boldsymbol{x}^{(1)}$，这是因为$[\boldsymbol{A}_1,\boldsymbol{B}_1]$是完全能控的，故可选 $\boldsymbol{K}_1$ 使 $\boldsymbol{A}_1+\boldsymbol{B}_1\boldsymbol{K}_1$ 是渐近稳定的. □

利用对偶性(见定理 2.11)，我们给出下面定义.

定义 3.6 系统$[\boldsymbol{A},\boldsymbol{C}]$称为是**能检测的**，当且仅当$[\boldsymbol{A}^{\mathrm{T}},\boldsymbol{C}^{\mathrm{T}}]$是能稳的，这里 $\boldsymbol{C}$ 是(3.31)中的输出矩阵.

例 3.3　讨论例 2.16 中系统(2.82) 的能稳性.

解　系统的不能控部分的特征值是多项式

$$\lambda^2-7\lambda-23$$

的根，由于此多项式有负系数，根据定理3.4，该系统的不能控部分不是渐近稳定的. 因此，系统(2.82) 不是能稳的.

构造用于镇定系统的反馈矩阵 $\boldsymbol{K}$ 的方法在 2.3 节中讨论过，那里所介绍的方法的不足之处是要预先指定闭环系统的极点.

另一种构造反馈矩阵 $\boldsymbol{K}$ 的方法将在第四章中用最优控制的方法给出.

下面讨论一下 Liapunov 方法的一个简单应用是很有意思的. 首先注意到，如果(3.13) 即

$$\frac{\mathrm{d}\boldsymbol{x}}{\mathrm{d}t}=\boldsymbol{A}\boldsymbol{x}$$

是渐近稳定的，具有 Liapunov 函数 $V=\boldsymbol{x}^{\mathrm{T}}\boldsymbol{P}\boldsymbol{x}$，这里 $\boldsymbol{P}$ 满足(3.15)，则

$$\frac{\dot{V}}{V}=-\frac{\boldsymbol{x}^{\mathrm{T}}\boldsymbol{Q}\boldsymbol{x}}{\boldsymbol{x}^{\mathrm{T}}\boldsymbol{P}\boldsymbol{x}}\leqslant-\sigma, \tag{3.39}$$

这里σ是比率$\dfrac{\boldsymbol{x}^{\mathrm{T}}\boldsymbol{Q}\boldsymbol{x}}{\boldsymbol{x}^{\mathrm{T}}\boldsymbol{P}\boldsymbol{x}}$的最小值(事实上，$\sigma$等于$\boldsymbol{Q}\boldsymbol{P}^{-1}$ 的最小特征值). (3.39) 关于 t 积分得

$$V(\boldsymbol{x}(t))\leqslant V(\boldsymbol{x}(0))\mathrm{e}^{-\sigma t}. \tag{3.40}$$

由于$t\to\infty$时，$V(\boldsymbol{x}(t))\to 0$，于是(3.40) 可以看做轨线靠近原点的一种度量，σ 越大，$\boldsymbol{x}(t)\to\boldsymbol{0}$ 的速度越快.

现在将控制

$$\boldsymbol{u}=(\boldsymbol{S}-\boldsymbol{Q}_1)\boldsymbol{B}^{\mathrm{T}}\boldsymbol{P}\boldsymbol{x}, \tag{3.41}$$

应用于(3.30)，这里 $\boldsymbol{P}$ 是(3.15) 的解，$\boldsymbol{S}$ 和 $\boldsymbol{Q}_1$ 分别是任意的斜对称矩阵和正定对称矩阵，得到的闭环系统是

$$\frac{\mathrm{d}\boldsymbol{x}}{\mathrm{d}t}=[\boldsymbol{A}+\boldsymbol{B}(\boldsymbol{S}-\boldsymbol{Q}_1)\boldsymbol{B}^{\mathrm{T}}\boldsymbol{P}]\boldsymbol{x}. \tag{3.42}$$

易验证如果 $V=\boldsymbol{x}^{\mathrm{T}}\boldsymbol{P}\boldsymbol{x}$，且 $\boldsymbol{x}$ 满足(3.42)，则 V 关于 t 的导数是

$$\frac{\mathrm{d}V}{\mathrm{d}t}=-\boldsymbol{x}^{\mathrm{T}}\boldsymbol{Q}\boldsymbol{x}-2\boldsymbol{x}^{\mathrm{T}}\boldsymbol{P}\boldsymbol{B}\boldsymbol{Q}_1\boldsymbol{B}^{\mathrm{T}}\boldsymbol{P}\boldsymbol{x}<-\boldsymbol{x}^{\mathrm{T}}\boldsymbol{Q}\boldsymbol{x},$$

这是由于 $\boldsymbol{P}\boldsymbol{B}\boldsymbol{Q}_1\boldsymbol{B}^{\mathrm{T}}\boldsymbol{P}=(\boldsymbol{P}\boldsymbol{B})\boldsymbol{Q}_1(\boldsymbol{P}\boldsymbol{B})^{\mathrm{T}}$ 是正定的.

根据以上的论证，从轨线靠近原点更快的意义上讲，闭环系统(3.42) 比开环系统(3.13)“更稳定”. 然而，利用控制(3.41) 来得到闭环系统

(3.42) 的稳定性首先要求开环系统是渐近稳定的，所以控制(3.41) 的应用价值还是相当有限的. 但是 Liapunov 理论的力量还是通过很容易就确定了(3.42) 的渐近稳定性而显示出来了. 这通过经典方法是不可能的，因为在 3.2 节要确定(3.42) 的渐近稳定性需要计算系统的特征值.

还有一点需要指出的是 Liapunov 方法还可以推广到非线性问题中(见习题 3.11).

习 题 三

3.1 判断下列函数的正定性:

(1) $V(\boldsymbol{x}) = 2{x_1}^2 + 3{x_2}^2 + {x_3}^2 - 2x_1x_2 + 2x_1x_3$；

(2) $V(\boldsymbol{x}) = 8{x_1}^2 + 2{x_2}^2 + {x_3}^2 - 8x_1x_2 + 2x_1x_3$；

(3) $V(\boldsymbol{x}) = {x_1}^2 + {x_3}^2 - 2x_1x_2 + x_2x_3$；

(4) $V(\boldsymbol{x}) = 10{x_1}^2 + 4{x_2}^2 + {x_3}^2 + 2x_1x_2 - 2x_2x_3 - 4x_1x_3$；

(5) $V(\boldsymbol{x}) = {x_1}^2 + 3{x_2}^2 + 11{x_3}^2 - 2x_1x_2 + 4x_2x_3 + 2x_1x_3$.

3.2 判断线性系统

$$\dot{\boldsymbol{x}} = \begin{pmatrix} -1 & 1 \\ 2 & -3 \end{pmatrix} \boldsymbol{x}$$

平衡点的稳定性.

3.3 判断非线性系统

$$\begin{cases} \dot{x}_1 = -x_1 + x_2 + x_1({x_1}^2 + {x_2}^2), \\ \dot{x}_2 = -x_1 - x_2 + x_2({x_1}^2 + {x_2}^2) \end{cases}$$

平衡点的稳定性.

3.4 试确定 k 为何值时，系统

$$\dot{\boldsymbol{x}} = \begin{pmatrix} 0 & 1 & 0 \\ 0 & 0 & 1 \\ -k & -1 & -2 \end{pmatrix} \boldsymbol{x}$$

是渐近稳定的. 如果 $k=-1$，并且控制项 $(0,1,0)^{\mathrm{T}}u$ 加在上面方程组的右端，试找一个线性反馈控制，使闭环系统的特征值都等于 -1.

3.5 若 $k=1$，试用导数为 $-2({x_1}^2+{x_2}^2)$ 的二次型 Liapunov 函数 $V(\boldsymbol{x})$ 确定系统

$$\dot{\boldsymbol{x}} = \begin{pmatrix} -k & -3 \\ k & -2 \end{pmatrix} \boldsymbol{x}$$

的稳定性，并用这个函数 $V(\boldsymbol{x})$ 推出为使系统渐近稳定 k 应满足的充分条件.

3.6 下面的非线性微分方程组称为两种群 Volterra 模型：

$$\begin{cases}\dfrac{\mathrm{d}x_1}{\mathrm{d}t}=\alpha x_1+\beta x_1x_2,\\[2mm]\dfrac{\mathrm{d}x_2}{\mathrm{d}t}=\gamma x_1+\delta x_1x_2,\end{cases}$$

其中 x_1,x_2 分别是生物的个体数，$\alpha,\beta,\gamma,\delta$ 是不为零的实数. 关于这个系统，

(1) 试求平衡点；

(2) 在平衡点的附近线性化，试讨论平衡点的稳定性.

3.7 求非线性微分方程组

$$\begin{cases}\dot{x}_1=x_2,\\\dot{x}_2=-\sin x_1-x_2\end{cases}$$

的平衡点，并在各平衡点进行线性化，判别平衡点是否稳定.

3.8 试用 Liapunov 第二方法判断下列系统是否渐近稳定的：

$$\dot{\boldsymbol{x}}=\begin{pmatrix}-1&1\\2&-3\end{pmatrix}\boldsymbol{x}.$$

3.9 给定连续时间的定常系统

$$\begin{cases}\dot{x}_1=x_2,\\\dot{x}_2=-x_1-(1+x_2)^2x_2,\end{cases}$$

试用 Liapunov 第二方法判断其在平衡状态的稳定性.

3.10 系统方程为

$$\begin{cases}\dot{\boldsymbol{x}}=\begin{pmatrix}0&6\\1&-1\end{pmatrix}\boldsymbol{x}+\begin{pmatrix}-2\\1\end{pmatrix}u,\\y=(0,1)\boldsymbol{x},\end{cases}$$

分析系统平衡状态 $\boldsymbol{x}_e=\boldsymbol{0}$ 的渐近稳定性与系统的 BIBO 稳定性.

3.11 设系统

$$\dot{\boldsymbol{x}}=\boldsymbol{f}(\boldsymbol{x})$$

的原点是稳定的，相应的 Liapunov 函数为 $V(\boldsymbol{x})$，证明在控制取

$$\boldsymbol{u}=(\boldsymbol{S}(\boldsymbol{x})-\boldsymbol{Q}(\boldsymbol{x}))\boldsymbol{\varphi}(\boldsymbol{x})$$

时，系统

$$\dot{\boldsymbol{x}}=\boldsymbol{f}(\boldsymbol{x})+\boldsymbol{u}$$

是渐近稳定的，其中$\boldsymbol{\varphi}(\boldsymbol{x})=\nabla V$，$\boldsymbol{S}(\boldsymbol{x})$是任意的斜对称矩阵，$\boldsymbol{Q}(\boldsymbol{x})$是任意的正定矩阵.

第四章　最优控制

最优控制理论是现代控制理论的重要组成部分，它于 20 世纪 50 年代发展起来，现已形成系统的理论. 它所研究的对象是控制系统，中心问题是针对一个控制系统，选择控制规律，使系统在某种意义下是最优的. 这种通过施加控制使系统以某种方式达到"最优" 的问题叫做**最优控制问题**. 最优控制问题的一般提法是：给出系统的状态方程

$$\frac{\mathrm{d}\boldsymbol{x}}{\mathrm{d}t}=f(x_1,\cdots,x_n,u_1,\cdots,u_m,t),\quad \boldsymbol{x}(t_0)=\boldsymbol{x}_0 \tag{4.1}$$

和目标泛函

$$J=J(\boldsymbol{u},\boldsymbol{x},t), \tag{4.2}$$

在此描述下，最优控制就是在条件所给定的函数集合 U 中寻求一个控制规律的描述函数 $\boldsymbol{u}\in U$，使上述目标泛函 $J(\boldsymbol{u})$ 达到最小(或最大). 这里的目标泛函也叫做**系统的代价泛函**或**性能指标**.

4.1　几种典型的性能指标

系统的性能指标是对系统性能评判的一种度量，以下是一些常见的典型的最优控制问题的性能指标.

1. 最小时间问题

最小时间问题中，要求选择 $\boldsymbol{u}(t)$ 使系统在最短的时间内把初始状态 $\boldsymbol{x}_0$ 转移到特定的状态. 这等价于极小化性能指标

$$J=t_1-t_0=\int_{t_0}^{t_1}\mathrm{d}t, \tag{4.3}$$

这里 t_1 是所期望的状态到达的第一时刻.

例 4.1　弹道导弹追击一航空器，希望在最短的时间内截击航空器.

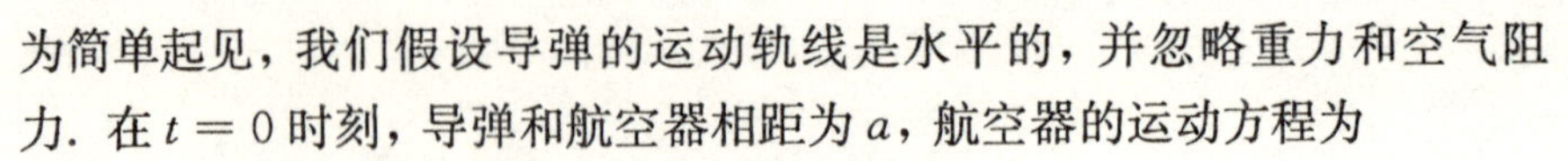

为简单起见，我们假设导弹的运动轨线是水平的，并忽略重力和空气阻力. 在 $t=0$ 时刻，导弹和航空器相距为 a，航空器的运动方程为

$$x(t)=a+bt^2,$$

这里 b 是一个正的常数，导弹的运动方程为

$$\frac{\mathrm{d}^2 y}{\mathrm{d}t^2}=u,$$

这里推动力 $u(t)$ 满足 $|u|\leqslant 1$，单位是适当选取的. 显然，导弹的最优策略是以最大推力 $u=1$ 加速行驶. 经过时间 t 导弹的行驶距离是 $ct+\frac{1}{2}t^2$，这里 $c=\frac{\mathrm{d}y(0)}{\mathrm{d}t}$，于是击中发生在时刻 T，这里

$$cT+\frac{1}{2}T^2=a+bT^2.$$

这一方程可能没有任何正实数解，换句话说，最短时间问题可能对于某特定的初始时刻无解.

2. 末端控制问题

末端控制问题中，要求最终状态 $\boldsymbol{x}_f=\boldsymbol{x}(t_1)$ 尽可能接近某期望状态 $\boldsymbol{r}(t_1)$，需要极小化的性能度量是

$$\boldsymbol{e}^{\mathrm{T}}(t_1)\boldsymbol{M}\boldsymbol{e}(t_1), \tag{4.4}$$

这里 $\boldsymbol{e}(t)=\boldsymbol{x}(t)-\boldsymbol{r}(t)$，$\boldsymbol{M}$ 是一个实对称正定 $n\times n$ 矩阵. 一个特殊的情形是，$\boldsymbol{M}$ 是一个 n 阶单位矩阵，于是(4.4) 化为

$$\|\boldsymbol{x}_f-\boldsymbol{r}(t_1)\|_e^2.$$

更一般地，如果 $\boldsymbol{M}=\mathrm{diag}(m_1,m_2,\cdots,m_n)$，则 m_i 被选为体现 $(x_i(t_1)-r_i(t_1))^2$ 的重要性的权. 如果某个 $r_i(t_1)$ 没有指定，则 $\boldsymbol{M}$ 中相应的元素将会是零，这时 $\boldsymbol{M}$ 是半正定的.

3. 最小能量问题

最小能量问题中，要求达到理想的目标并使控制的总消耗最小，需最小化的合适的性能指标是

$$\int_{t_0}^{t_1}\boldsymbol{u}^{\mathrm{T}}\boldsymbol{R}\boldsymbol{u}\,\mathrm{d}t, \tag{4.5}$$

这里 $\boldsymbol{R}=(r_{ij})$ 是一个实对称正定矩阵，r_{ij} 是权因子.

4. 最省燃料问题

如飞机飞行过程中，飞机的燃料消耗正比于推力的绝对值，考虑这类最省燃料问题的合适的性能指标是

$$\int_{t_0}^{t_1}\sum_i \beta_i \left| u_i \right| \mathrm{d}t, \tag{4.6}$$

这里 β_i 是权因子.

5. 跟踪问题

跟踪问题的目标是在整个时间区间 $t_0 \leqslant t \leqslant t_1$ 上尽可能地跟随或追踪某个所期望的状态 $\boldsymbol{r}(t)$. 按照(4.4)和(4.5)的思路，一个合适的性能指标是

$$\int_{t_0}^{t_1} \boldsymbol{e}^{\mathrm{T}}\boldsymbol{Q}\boldsymbol{e}\,\mathrm{d}t, \tag{4.7}$$

这里 $\boldsymbol{Q}$ 是一个实对称半正定矩阵.

如果 $u_i(t)$ 是不受约束的，则(4.7)的最小化可能导致控制向量 $\boldsymbol{u}$ 的某些分量无限大，这在实际问题中是不可接受的. 于是，为限制控制强度而将(4.5)和(4.7)结合起来使用，给出

$$\int_{t_0}^{t_1} (\boldsymbol{e}^{\mathrm{T}}\boldsymbol{Q}\boldsymbol{e} + \boldsymbol{u}^{\mathrm{T}}\boldsymbol{R}\boldsymbol{u})\mathrm{d}t, \tag{4.8}$$

表达式(4.5),(4.7)和(4.8)都叫做**二次性能指标**.

例 4.2　“软着陆”问题. 在 $t=0$ 时刻，一着陆器在行星表面高为 h 的地方和宇宙飞船分离，以初速度 v 开始下降. 为简单起见，假设重力可以被忽略且着陆器的质量是常数. 仅考虑垂直运动，向上的方向为正方向，设 x_1 表示高度，x_2 表示速度，$u(t)$ 是火箭发动机的推力，满足 $|u| \leqslant 1$，则在某计量单位下，运动方程是

$$\begin{cases} \dfrac{\mathrm{d}x_1}{\mathrm{d}t} = x_2, \\ \dfrac{\mathrm{d}x_2}{\mathrm{d}t} = u, \end{cases} \tag{4.9}$$

初始条件是

$$\begin{cases} x_1(0) = h, \\ x_2(0) = -v. \end{cases} \tag{4.10}$$

为实现在某时刻 T 的“软着陆”，我们要求

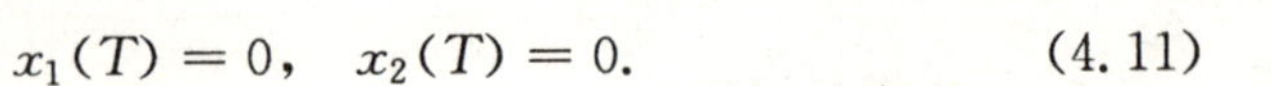

$$x_1(T)=0,\quad x_2(T)=0. \tag{4.11}$$

一个合适的性能指标是

$$\int_0^T(|u|+k)\mathrm{d}t, \tag{4.12}$$

这是(4.3)和(4.6)的结合. 表达式(4.12)代表了燃料总消耗和着陆总耗时的和，k 是反映这两种因素相对重要性的权.

极小化问题(4.12)结合(4.9),(4.10)和(4.11)所构成的最优控制问题的讨论将在4.3节中进行.

以上给出的性能指标有两种类型，(4.4)所给出的性能指标叫做**末值型性能指标**，而其他几种性能指标都以积分的形式给出，称为**积分型性能指标**. 在最优控制问题中常常研究更一般的性能指标，如Bolza问题是选择 $\boldsymbol{u}(t)$ 使性能指标

$$J(\boldsymbol{u})=\varphi(\boldsymbol{x}(t_1),t_1)+\int_{t_0}^{t_1}F(\boldsymbol{x},\boldsymbol{u},t)\mathrm{d}t \tag{4.13}$$

达到极小，其中 $\boldsymbol{x}$ 满足(4.1)，纯量函数 φ 和 F 是连续的且有连续的一阶导数. (4.13)所给出的性能指标叫做**混合型性能指标**.

4.2 变分法

从最优控制问题的提法可以看出，它实际上是一个求泛函极值的问题，而变分法是求泛函极值的重要方法. 本节讨论应用变分法求解最优控制问题.

如果一个变量 J，对于一类函数中的每一个函数 $\boldsymbol{x}(t)$ 都有一个确定的值与之对应，则称变量 J 为依赖于 $\boldsymbol{x}(t)$ 的**泛函**，记为 $J(\boldsymbol{x}(\cdot))$，$\boldsymbol{x}(t)$ 称为**泛函的宗量**.

如果存在 $\varepsilon>0$，使得对满足 $\|\boldsymbol{x}-\boldsymbol{x}^*\|<\varepsilon$ 的一切 $\boldsymbol{x}$，都有

$$J(\boldsymbol{x})-J(\boldsymbol{x}^*)\geqslant 0,$$

则 $\boldsymbol{x}^*$ 是 J 的一个极值曲线，且 J 有相对极小值 $J(\boldsymbol{x}^*)$.

变分法的基本问题是在给定的函数集中，求一个函数使泛函有极值.

微分是微分学中的基本概念，而变分则是变分学中的基本概念，且两者之间有着很多相似的地方. 因此，研究变分问题时，可类比微分的方法，现简述如下.

宗量的改变量 $\boldsymbol{x}(t)-\boldsymbol{x}_0(t)$ 称为**宗量的变分**，记为

$$\delta\boldsymbol{x}(t)=\boldsymbol{x}(t)-\boldsymbol{x}_0(t). \tag{4.14}$$

若宗量的变分趋于无穷小时，泛函的改变量也趋于无穷小，则称**泛函是连续的**；若泛函对宗量是线性的，则称之为**线性泛函**.

泛函的增量可表示为

$$\begin{aligned}\Delta J(\boldsymbol{x}(\cdot))&=J(\boldsymbol{x}(\cdot)+\delta\boldsymbol{x})-J(\boldsymbol{x}(\cdot))\\&=L(\boldsymbol{x},\delta\boldsymbol{x})+r(\boldsymbol{x},\delta\boldsymbol{x}),\end{aligned} \tag{4.15}$$

其中 $L(\boldsymbol{x},\delta\boldsymbol{x})$ 是关于 $\delta\boldsymbol{x}$ 的线性连续泛函，$r(\boldsymbol{x},\delta\boldsymbol{x})$ 是关于 $\delta\boldsymbol{x}$ 的高阶无穷小，称 $L(\boldsymbol{x},\delta\boldsymbol{x})$ 为**泛函的变分**，记为

$$\delta J=L(\boldsymbol{x},\delta\boldsymbol{x}). \tag{4.16}$$

显然，泛函的变分是泛函增量的主部，也称**一阶变分**.

定理 4.1 *泛函 $J(\boldsymbol{x})$ 的变分可表示为*

$$\delta J=\frac{\partial}{\partial\varepsilon}J(\boldsymbol{x}+\varepsilon\delta\boldsymbol{x})\Big|_{\varepsilon=0}. \tag{4.17}$$

证

$$\begin{aligned}\frac{\partial}{\partial\varepsilon}J(\boldsymbol{x}+\varepsilon\delta\boldsymbol{x})\Big|_{\varepsilon=0}&=\lim_{\varepsilon\to0}\frac{J(\boldsymbol{x}+\varepsilon\delta\boldsymbol{x})-J(\boldsymbol{x})}{\varepsilon}\\&=\lim_{\varepsilon\to0}\frac{1}{\varepsilon}(L(\boldsymbol{x},\varepsilon\delta\boldsymbol{x})+r(\boldsymbol{x},\varepsilon\delta\boldsymbol{x}))\\&=L(\boldsymbol{x},\delta\boldsymbol{x})+\lim_{\varepsilon\to0}\frac{r(\boldsymbol{x},\varepsilon\delta\boldsymbol{x})}{\varepsilon}\\&=L(\boldsymbol{x},\delta\boldsymbol{x}).\end{aligned}$$

证毕. □

例 4.3 求泛函

$$J=\int_{t_0}^{t_f}x^2(t)\mathrm{d}t$$

的变分.

解 方法 1

$$\begin{aligned}\Delta J&=\int_{t_0}^{t_f}(x(t)+\delta x(t))^2\mathrm{d}t-\int_{t_0}^{t_f}x^2(t)\mathrm{d}t\\&=\int_{t_0}^{t_f}2x(t)\delta x(t)\mathrm{d}t+\int_{t_0}^{t_f}(\delta x(t))^2\mathrm{d}t,\end{aligned}$$

于是

$$\delta J = \int_{t_0}^{t_f} 2x(t)\delta x(t)\mathrm{d}t.$$

方法 2

$$\begin{aligned}
\delta J &= \frac{\partial}{\partial \alpha} J\left(x(t) + \alpha \delta x(t)\right)\Big|_{\alpha=0} \\
&= \int_{t_0}^{t_f} \frac{\partial}{\partial \alpha}(x(t) + \alpha \delta x(t))^2 \mathrm{d}t \Big|_{\alpha=0} \\
&= \int_{t_0}^{t_f} 2(x(t) + \alpha \delta x(t))\delta x(t)\mathrm{d}t \Big|_{\alpha=0} \\
&= \int_{t_0}^{t_f} 2x(t)\delta x(t)\mathrm{d}t.
\end{aligned}$$

例 4.4 求泛函

$$J = \int_{t_0}^{T} F(\dot{x}, x, t)\mathrm{d}t \tag{4.18}$$

的变分.

解

$$\begin{aligned}
\delta J &= \frac{\partial}{\partial \varepsilon} J\left(x(t) + \varepsilon \delta x(t)\right)\Big|_{\varepsilon=0} \\
&= \int_{t_0}^{T} \frac{\partial}{\partial \varepsilon} F(\dot{x} + \varepsilon \delta \dot{x}, x + \varepsilon \delta x, t)\Big|_{\varepsilon=0} \mathrm{d}t \\
&= \int_{t_0}^{T} \left(\frac{\partial F}{\partial \dot{x}}\delta \dot{x} + \frac{\partial F}{\partial x}\delta x\right)\mathrm{d}t.
\end{aligned} \tag{4.19}$$

上式中$\frac{\mathrm{d}}{\mathrm{d}t}\delta x = \delta \dot{x}$. (4.19) 中泛函的宗量是函数 $x(t)$ 和 $\delta x(t)$，变量 t 则不是宗量.

定理 4.2（必要条件） 设 $\boldsymbol{x}^*$ 是 $J(\boldsymbol{x})$ 的一个极值曲线，则对所有 $\delta \boldsymbol{x}$，

$$\delta J(\boldsymbol{x}^*, \delta \boldsymbol{x}) = 0.$$

证 设泛函 $J(\boldsymbol{x})$ 在 $\boldsymbol{x}^*$ 处取得极值，对固定的 $\boldsymbol{x}^*$，可将 $J(\boldsymbol{x}^* + \varepsilon \delta \boldsymbol{x})$ 看做 ε 的函数，且在 $\varepsilon = 0$ 处取得极值. 所以当 $\varepsilon = 0$ 时，由极值的必要条件，导数必为零，即

$$\delta J = \frac{\partial}{\partial \varepsilon} J\left(\boldsymbol{x} + \varepsilon \delta \boldsymbol{x}\right)\Big|_{\varepsilon=0} = 0.$$

证毕. □

现在考虑泛函(4.18) 即

$$J(x(\cdot)) = \int_{t_0}^{T} F(\dot{x}, x, t)\,\mathrm{d}t$$

的极值.

设这一泛函的宗量 $x(t)$ 为定义在区间 $t_0 \leqslant t \leqslant T$ 上的函数，且 $F(\dot{x}, x, t)$ 关于 $\dot{x}, x, t$ 连续，并有二阶连续偏导数. 设函数 $x(t)$ 两端固定，即

$$x(t_0) = x_0, \quad x(T) = x_1, \tag{4.20}$$

求 $x(t)$，使 J 有极值.

由(4.19)，知

$$\delta J = \int_{t_0}^{T} \left(\frac{\partial F}{\partial \dot{x}} \delta \dot{x} + \frac{\partial F}{\partial x} \delta x \right) \mathrm{d}t.$$

利用分部积分法，得

$$\delta J = \int_{t_0}^{T} \left[\left(\frac{\partial F}{\partial x} - \frac{\mathrm{d}}{\mathrm{d}t} \cdot \frac{\partial F}{\partial \dot{x}} \right) \delta x \right] \mathrm{d}t + \frac{\partial F}{\partial \dot{x}} \delta x \bigg|_{t_0}^{T}.$$

由边界条件，得

$$\delta x \Big|_{t_0}^{T} = 0.$$

由定理 4.2，若 $x(t)$ 为极值曲线，则有

$$\delta J = \int_{t_0}^{T} \left(\frac{\partial F}{\partial x} - \frac{\mathrm{d}}{\mathrm{d}t} \cdot \frac{\partial F}{\partial \dot{x}} \right) \delta x \,\mathrm{d}t = 0.$$

由 δx 的任意性，得

$$\frac{\partial F}{\partial x} - \frac{\mathrm{d}}{\mathrm{d}t} \cdot \frac{\partial F}{\partial \dot{x}} = 0, \tag{4.21}$$

方程式(4.21) 叫做**欧拉方程**. 它是一个二阶常微分方程，在两端固定的问题中，通解中有两个任意常数，可由边界条件(4.20) 确定. 但在大多数情况下，求出解析解是困难的.

由上面的分析看到，若泛函有极值，则极值函数必满足欧拉方程. 欧拉方程给出了极值的必要条件.

例 4.5　求平面上两固定点间连线最短的曲线.

解　两固定点间连线的弧长为

$$J(x(\cdot)) = \int_{t_0}^{T} \sqrt{1 + \dot{x}^2(t)}\,\mathrm{d}t,$$

即有

$$F = \sqrt{1 + \dot{x}^2(t)},$$

其欧拉方程为

$$\frac{\partial F}{\partial x}-\frac{\mathrm{d}}{\mathrm{d}t}\cdot\frac{\partial F}{\partial \dot{x}}=-\frac{\mathrm{d}}{\mathrm{d}t}\cdot\frac{\partial F}{\partial \dot{x}}=0.$$

于是

$$\frac{\mathrm{d}}{\mathrm{d}t}\left(\frac{2\dot{x}}{\sqrt{1+\dot{x}^2(t)}}\right)=0$$

或

$$\frac{\dot{x}}{\sqrt{1+\dot{x}^2(t)}}=c.$$

所以

$$\dot{x}=a,\quad x(t)=at+b,$$

这里的常数 a 和 b 可由边界条件确定. 这样得到的结论是：连接平面上两个固定点的最短曲线是直线.

前面讨论的泛函仅含有一个宗量函数，现在讨论含有多个宗量函数的泛函的极值问题. 设泛函为

$$J(x_1,\cdots,x_n)=\int_{t_0}^{T}F(\dot{x}_1,\cdots,\dot{x}_n,x_1,\cdots,x_n,t)\mathrm{d}t, \tag{4.22}$$

其中宗量函数 $x_i(t)$，$i=1,2,\cdots,n$ 具有二阶连续导数，且满足边界条件

$$x_i(t_0)=x_{i0},\ x_i(T)=x_{iT},\quad i=1,2,\cdots,n. \tag{4.23}$$

为求泛函的极值曲线，可仿照多元函数求极值的方法，将其中一个函数如 $x_i(t)$ 看做可变宗量，而其余宗量看成不变宗量，这样泛函 J 仅依赖于 $x_i(t)$. 若取极值，必满足欧拉方程

$$\frac{\partial F}{\partial x_i}-\frac{\mathrm{d}}{\mathrm{d}t}\cdot\frac{\partial F}{\partial \dot{x}_i}=0,\quad i=1,2,\cdots,n. \tag{4.24}$$

这是一个微分方程组，结合边界条件(4.23) 即可求解.

为简单起见，写成向量的形式，令

$$\boldsymbol{x}=\begin{pmatrix}x_1\\x_2\\\vdots\\x_n\end{pmatrix},\quad \dot{\boldsymbol{x}}=\begin{pmatrix}\dot{x}_1\\\dot{x}_2\\\vdots\\\dot{x}_n\end{pmatrix},\quad \frac{\partial F}{\partial \dot{\boldsymbol{x}}}=\begin{pmatrix}\frac{\partial F}{\partial \dot{x}_1}\\\frac{\partial F}{\partial \dot{x}_2}\\\vdots\\\frac{\partial F}{\partial \dot{x}_n}\end{pmatrix}.$$

则方程组(4.24) 可写成

$$\frac{\partial F}{\partial \boldsymbol{x}}-\frac{\mathrm{d}}{\mathrm{d}t}\cdot\frac{\partial F}{\partial \dot{\boldsymbol{x}}}=\mathbf{0}, \qquad (4.24)^*$$

这和欧拉方程(4.21)形式上是一样的. 而边界条件(4.23)则可写成

$$\boldsymbol{x}(t_0)=\boldsymbol{x}_0, \quad \boldsymbol{x}(T)=\boldsymbol{x}_T. \qquad (4.23)^*$$

4.3 最优控制的变分解法

1. 自由端问题

现在考虑最优控制问题(4.13):

$$J(\boldsymbol{u})=\varphi(\boldsymbol{x}(t_1),t_1)+\int_{t_0}^{t_1}F(\boldsymbol{x},\boldsymbol{u},t)\mathrm{d}t,$$

其中$\boldsymbol{x}(t)$满足方程(4.1). 我们假设t_0和t_1是给定的，而终值状态$\boldsymbol{x}(t_1)$是自由的，于是问题(4.13)被称为**自由端问题**. 进一步假定对控制函数$u_i(t)$没有限制，且$J(\boldsymbol{u})$是可微的，即如果$\boldsymbol{u}$和$\boldsymbol{u}+\delta\boldsymbol{u}$是使$J(\boldsymbol{u})$有定义的两个控制，则

$$\begin{aligned}\Delta J&=J(\boldsymbol{u}+\delta\boldsymbol{u})-J(\boldsymbol{u})\\&=\delta J(\boldsymbol{u},\delta\boldsymbol{u})+j(\boldsymbol{u},\delta\boldsymbol{u})\|\delta\boldsymbol{u}\|,\end{aligned} \qquad (4.25)$$

这里δJ是泛函J的变分，当$\|\delta\boldsymbol{u}\|\to 0$时，$j(\boldsymbol{u},\delta\boldsymbol{u})\to 0$(使用适当的范数).

为将定理4.2应用于(4.13)，引入Lagrange乘子向量$\boldsymbol{p}=(p_1,p_2,\cdots,p_n)^{\mathrm{T}}$以便构造带约束的增广(或叫做已扩张的)泛函

$$J_a(\boldsymbol{u})=\varphi(\boldsymbol{x}(t_1),t_1)+\int_{t_0}^{t_1}\left[F(\boldsymbol{x},\boldsymbol{u},t)+\boldsymbol{p}^{\mathrm{T}}\left(\boldsymbol{f}-\frac{\mathrm{d}\boldsymbol{x}}{\mathrm{d}t}\right)\right]\mathrm{d}t. \qquad (4.26)$$

用分部积分法积分(4.26)右边的最后一项，得

$$\begin{aligned}J_a(\boldsymbol{u})&=\varphi(\boldsymbol{x}(t_1),t_1)+\int_{t_0}^{t_1}\left[F+\boldsymbol{p}^{\mathrm{T}}\boldsymbol{f}+\left(\frac{\mathrm{d}\boldsymbol{p}}{\mathrm{d}t}\right)^{\mathrm{T}}\boldsymbol{x}\right]\mathrm{d}t-\boldsymbol{p}^{\mathrm{T}}\boldsymbol{x}\Big|_{t_0}^{t_1}\\&=\varphi(\boldsymbol{x}(t_1),t_1)-\boldsymbol{p}^{\mathrm{T}}\boldsymbol{x}\Big|_{t_0}^{t_1}+\int_{t_0}^{t_1}\left[H+\left(\frac{\mathrm{d}\boldsymbol{p}}{\mathrm{d}t}\right)^{\mathrm{T}}\boldsymbol{x}\right]\mathrm{d}t,\end{aligned} \qquad (4.27)$$

这里

$$H(\boldsymbol{x},\boldsymbol{u},t)=F(\boldsymbol{x},\boldsymbol{u},t)+\boldsymbol{p}^{\mathrm{T}}\boldsymbol{f} \qquad (4.28)$$

叫做**Hamilton(哈密顿)函数**. 假设$\boldsymbol{u}$在$t_0\leqslant t\leqslant t_1$上是连续的且是可微的，$t_0$和$t_1$固定. 注意到$\boldsymbol{x}(t_0)$是给定的，故$\delta\boldsymbol{x}\Big|_{t=t_0}=0$. 于是，相应于$\boldsymbol{u}$的变分$\delta\boldsymbol{u}$，$J_a$的变分是

$$\delta J_a = \left(\frac{\partial \varphi}{\partial \boldsymbol{x}} - \boldsymbol{p}^{\mathrm{T}}\right)\delta \boldsymbol{x}\Big|_{t=t_1} + \int_{t_0}^{t_1}\left[\frac{\partial H}{\partial \boldsymbol{x}}\delta \boldsymbol{x} + \frac{\partial H}{\partial \boldsymbol{u}}\delta \boldsymbol{u} + \left(\frac{\mathrm{d}\boldsymbol{p}}{\mathrm{d}t}\right)^{\mathrm{T}}\delta \boldsymbol{x}\right]\mathrm{d}t, \tag{4.29}$$

这里 $\delta\boldsymbol{x}$ 是微分方程(4.1)中的 $\boldsymbol{x}$ 相应于 $\delta\boldsymbol{u}$ 的变分，其中记号

$$\frac{\partial H}{\partial \boldsymbol{x}} = \left(\frac{\partial H}{\partial x_1}, \frac{\partial H}{\partial x_2}, \cdots, \frac{\partial H}{\partial x_n}\right),$$

$\frac{\partial \varphi}{\partial \boldsymbol{x}}$ 和 $\frac{\partial H}{\partial \boldsymbol{u}}$ 的含义类似. 为方便起见，在(4.29)中适当选取 $\boldsymbol{p}$，消去涉及 $\delta\boldsymbol{x}$ 的项，即若取

$$\frac{\mathrm{d}p_i}{\mathrm{d}t} = -\frac{\partial H}{\partial x_i}, \quad i = 1, 2, \cdots, n, \tag{4.30}$$

且

$$p_i(t_1) = \frac{\partial \varphi}{\partial x_i}\Big|_{t=t_1}, \tag{4.31}$$

则(4.29)变为

$$\delta J_a = \int_{t_0}^{t_1}\left(\frac{\partial H}{\partial \boldsymbol{u}}\delta \boldsymbol{u}\right)\mathrm{d}t. \tag{4.32}$$

于是由定理 4.2 知 $\boldsymbol{u}^*$ 是极值曲线的必要条件是

$$\frac{\partial H}{\partial u_i}\Big|_{\boldsymbol{u}=\boldsymbol{u}^*} = 0, \quad t_0 \leqslant t \leqslant t_1, i = 1, 2, \cdots, m. \tag{4.33}$$

因此，我们有

定理4.3 对于最优控制问题(4.13)～(4.1)，函数 $\boldsymbol{u}^*$ 是最优控制的必要条件是(4.30),(4.31)和(4.33)成立.

方程组(4.30)通常叫做状态方程(4.1)的**伴随方程**. 状态方程(4.1)和伴随方程(4.30)总共给出了 $2n$ 个非线性微分方程，这 $2n$ 个一阶非线性微分方程通称为**Hamilton正则方程**，(4.31)叫做**横截条件或边界条件**. 由于正则方程(4.1),(4.30)是非线性的，一般情况下求解析解是不可能的，不得不借助于数值技术.

例 4.6 考虑

$$J(u) = \int_0^T (x_1{}^2 + u^2)\mathrm{d}t, \tag{4.34}$$

其中 x_1 满足

$$\frac{\mathrm{d}x_1}{\mathrm{d}t} = -ax_1 + u, \quad x_1(0) = x_0, \tag{4.35}$$

这里 a 和 T 都是正的常数. 试选择 u，使 $J(u)$ 达到最小值.

由(4.28)，Hamilton 函数为

$$H = {x_1}^2 + u^2 + p_1(-ax_1 + u),$$

且由(4.30) 和(4.33) 知，伴随方程和必要条件分别为

$$\frac{\mathrm{d}p_1^*}{\mathrm{d}t} = -2x_1^* + ap_1^*, \tag{4.36}$$

和

$$2u_1^* + p_1^* = 0, \tag{4.37}$$

这里 x_1^* 和 p_1^* 分别是对应于最优解的状态变量和伴随变量.

将(4.37) 代入(4.35)，得

$$\frac{\mathrm{d}x_1^*}{\mathrm{d}t} = -ax_1^* - \frac{1}{2}p_1^*. \tag{4.38}$$

由于 $\varphi \equiv 0$，故边界条件(4.31) 正好是 $p_1(T) = 0$. 方程(4.36) 和(4.38) 都是线性的，易验证 x_1^* 和 p_1^* 的形式为

$$c\mathrm{e}^{\lambda t} + d\mathrm{e}^{-\lambda t},$$

这里 $\lambda = \sqrt{1 + a^2}$，常数 c 和 d 可用 $t = 0$ 和 $t = T$ 的边界条件确定. 由(4.37) 知，最优控制是

$$u_1^*(t) = -\frac{1}{2}p_1^*(t).$$

我们以上的讨论仅仅是最优控制问题存在最优控制的必要条件，关于这一问题的进一步讨论已超出了本书的范围，在以后的例子中也不涉及进一步讨论的内容.

注意到(4.34) 是二次性能指标(4.8) 的一种简单情形，状态方程(4.35) 也是线性的，于是伴随方程(4.30) 是线性的，因此求出解析解是有可能的.

如果函数 $\boldsymbol{f}$ 和 F 不显含 t，则由(4.28) 得

$$\begin{aligned}
\frac{\mathrm{d}H}{\mathrm{d}t} &= \frac{\partial F}{\partial \boldsymbol{u}}\frac{\mathrm{d}\boldsymbol{u}}{\mathrm{d}t} + \frac{\partial F}{\partial \boldsymbol{x}}\frac{\mathrm{d}\boldsymbol{x}}{\mathrm{d}t} + \boldsymbol{p}^{\mathrm{T}}\left(\frac{\partial \boldsymbol{f}}{\partial \boldsymbol{u}}\frac{\mathrm{d}\boldsymbol{u}}{\mathrm{d}t} + \frac{\partial \boldsymbol{f}}{\partial \boldsymbol{x}}\frac{\mathrm{d}\boldsymbol{x}}{\mathrm{d}t}\right) + \left(\frac{\mathrm{d}\boldsymbol{p}}{\mathrm{d}t}\right)^{\mathrm{T}}\boldsymbol{f} \\
&= \left(\frac{\partial F}{\partial \boldsymbol{u}} + \boldsymbol{p}^{\mathrm{T}}\frac{\partial \boldsymbol{f}}{\partial \boldsymbol{u}}\right)\frac{\mathrm{d}\boldsymbol{u}}{\mathrm{d}t} + \left(\frac{\partial F}{\partial \boldsymbol{x}} + \boldsymbol{p}^{\mathrm{T}}\frac{\partial \boldsymbol{f}}{\partial \boldsymbol{x}}\right)\frac{\mathrm{d}\boldsymbol{x}}{\mathrm{d}t} + \left(\frac{\mathrm{d}\boldsymbol{p}}{\mathrm{d}t}\right)^{\mathrm{T}}\boldsymbol{f} \\
&= \frac{\partial H}{\partial \boldsymbol{u}}\frac{\mathrm{d}\boldsymbol{u}}{\mathrm{d}t} + \frac{\partial H}{\partial \boldsymbol{x}}\frac{\mathrm{d}\boldsymbol{x}}{\mathrm{d}t} + \left(\frac{\mathrm{d}\boldsymbol{p}}{\mathrm{d}t}\right)^{\mathrm{T}}\boldsymbol{f} \\
&= \frac{\partial H}{\partial \boldsymbol{u}}\frac{\mathrm{d}\boldsymbol{u}}{\mathrm{d}t} + \left[\frac{\partial H}{\partial \boldsymbol{x}} + \left(\frac{\mathrm{d}\boldsymbol{p}}{\mathrm{d}t}\right)^{\mathrm{T}}\right]\boldsymbol{f},
\end{aligned}$$

这里利用了(4.1). 因为在最优轨线上(4.30)和(4.33)成立，所以由上式，当 $\boldsymbol{u}=\boldsymbol{u}^*$ 时 $\frac{\mathrm{d}H}{\mathrm{d}t}=0$，于是

$$H\Big|_{\boldsymbol{u}=\boldsymbol{u}^*}=C,\quad t_0\leqslant t\leqslant t_1. \tag{4.39}$$

这说明在最优状态下，哈密顿函数是常数.

2. 固定端问题

终点时间和终点状态都固定的问题叫做**固定端问题**. 设系统的状态方程为(4.1)，初始状态和终点状态为

$$\boldsymbol{x}(t)\Big|_{t=t_0}=\boldsymbol{x}_0,\quad \boldsymbol{x}(t)\Big|_{t=t_1}=\boldsymbol{x}_f, \tag{4.40}$$

性能指标为

$$J(\boldsymbol{u})=\int_{t_0}^{t_1}F(\boldsymbol{x},\boldsymbol{u},t)\mathrm{d}t, \tag{4.41}$$

因为 $\boldsymbol{x}_f$ 固定，在性能指标中没有必要加上终端项.

为求满足条件(4.40)的最优控制，与自由端情况一样，引进 Lagrange 乘子向量 $\boldsymbol{p}=(p_1,p_2,\cdots,p_n)^{\mathrm{T}}$，构造 Hamilton 函数 H，利用分部积分法，可得指标泛函为

$$J=\int_{t_0}^{t_1}(H+\dot{\boldsymbol{p}}^{\mathrm{T}}\boldsymbol{x})\mathrm{d}t-\boldsymbol{p}^{\mathrm{T}}\boldsymbol{x}\Big|_{t_1}+\boldsymbol{p}^{\mathrm{T}}\boldsymbol{x}\Big|_{t_0}.$$

取变分 $\delta\boldsymbol{u}$，因 $\boldsymbol{x}_0$ 和 $\boldsymbol{x}_f$ 固定，于是 $\delta\boldsymbol{x}_0=\boldsymbol{0}$，$\delta\boldsymbol{x}_f=\boldsymbol{0}$. 所以

$$\delta J=\int_{t_0}^{t_1}\left[\frac{\partial H}{\partial\boldsymbol{x}}\delta\boldsymbol{x}+\left(\frac{\mathrm{d}\boldsymbol{p}}{\mathrm{d}t}\right)^{\mathrm{T}}\delta\boldsymbol{x}+\frac{\partial H}{\partial\boldsymbol{u}}\delta\boldsymbol{u}\right]\mathrm{d}t.$$

令

$$\dot{\boldsymbol{p}}(t)=-\frac{\partial H}{\partial\boldsymbol{x}}, \tag{4.42}$$

由定理 4.2 知，若 $\boldsymbol{x}^*(t)$ 是极值曲线，则

$$\delta J=\int_{t_0}^{t_1}\frac{\partial H}{\partial\boldsymbol{u}}\delta\boldsymbol{u}\,\mathrm{d}t=0, \tag{4.43}$$

于是

$$\frac{\partial H}{\partial\boldsymbol{u}}=\boldsymbol{0}. \tag{4.44}$$

这样可得到如下结论.

定理 4.4 为使 $\boldsymbol{u}^*(t)$ 是最优控制问题(4.41)，(4.40)，(4.1)的最优控制，$\boldsymbol{x}^*(t)$ 是最优轨线，必存在一向量函数 $\boldsymbol{p}^*(t)$，使得 $\boldsymbol{x}^*(t)$ 和 $\boldsymbol{p}^*(t)$

满足正则方程

$$\dot{\boldsymbol{x}} = \frac{\partial H}{\partial \boldsymbol{p}}, \quad \dot{\boldsymbol{p}}(t) = -\frac{\partial H}{\partial \boldsymbol{x}}$$

和边界条件

$$\boldsymbol{x}(t)\Big|_{t=t_0} = \boldsymbol{x}_0, \quad \boldsymbol{x}(t)\Big|_{t=t_1} = \boldsymbol{x}_f,$$

其中 H 为 Hamilton 函数，它对最优控制 $\boldsymbol{u}^*(t)$ 有稳态值，即

$$\frac{\partial H}{\partial \boldsymbol{u}} = \boldsymbol{0}.$$

例 4.7　考虑最优控制问题

$$J = \frac{1}{2}\int_{t_0}^{t_1} u^2 \mathrm{d}t,$$

状态方程为

$$\dot{x} = u, \quad x(t_0) = x_0, \quad x(t_1) = 0.$$

试求最优控制和最优轨线，使 J 取最小值.

解　Hamilton 函数为

$$H = \frac{1}{2}u^2 + pu,$$

伴随方程为

$$\dot{p} = -\frac{\partial H}{\partial x} = 0,$$

极值条件为

$$\frac{\partial H}{\partial u} = u + p = 0.$$

将 u 代入状态方程后得两点边值问题

$$\dot{x} = -p \text{ 时}, \quad x(t_0) = x_0;$$

$$\dot{p} = 0 \text{ 时}, \quad x(t_1) = 0.$$

解之，得最优轨线为

$$x^*(t) = \frac{t_1 - t}{t_1 - t_0}x_0,$$

最优控制为

$$u^* = -\frac{x_0}{t_1 - t_0}.$$

以上的讨论是假定终点时间 t_1 是固定的，而终点状态 $x(t_1)$ 是自由的(自由端问题)或固定的(固定端问题).

如果没有上面的限制条件，考虑到(4.27)，δJ_a 的表达式(4.29)的积分外面将是

$$\left[\left(\frac{\partial \varphi}{\partial \boldsymbol{x}}-\boldsymbol{p}^{\mathrm{T}}\right)\delta \boldsymbol{x}+\left(H+\frac{\partial \varphi}{\partial t}\right)\delta t\right]\Bigg|_{\boldsymbol{u}=\boldsymbol{u}^*,\ t=t_1}. \tag{4.45}$$

由于(4.30)和(4.33)仍然成立，将使得(4.29)的积分为零，根据定理4.2知，表达式(4.45)等于零. 由此可推出一些重要的特殊情形下的横截条件，现在列于后面. 初值条件(4.2)始终成立.

终值时刻 t_1 固定：

(i) 终值状态 $\boldsymbol{x}(t_1)$ 自由的情形.

在(4.45)中我们有 $\delta t_1=0$，但 $\delta \boldsymbol{x}(t_1)$ 任意，于是横截条件(4.31)必成立(在 $\boldsymbol{f}$ 和 F 不显含 t 时，(4.39)也成立)，这正是前面的自由端情形.

(ii) 终值状态 $\boldsymbol{x}(t_1)$ 固定的情形.

这时，$\delta t_1=0$，且 $\delta \boldsymbol{x}(t_1)=0$，于是(4.45)自动等于零. 横截条件是

$$\boldsymbol{x}^*(t_1)=\boldsymbol{x}_f, \tag{4.46}$$

这时(4.46)取代了自由端情形的(4.31).

终值时刻 t_1 自由：

(iii) 终值状态 $\boldsymbol{x}(t_1)$ 自由的情形.

这种情形下 δt_1 和 $\delta \boldsymbol{x}(t_1)$ 都是任意的，(4.45)中的各项都为零，(4.31)和

$$\left(H+\frac{\partial \varphi}{\partial t}\right)\delta t\Bigg|_{\boldsymbol{u}=\boldsymbol{u}^*,\ t=t_1} \tag{4.47}$$

将同时成立.

特别地，如果 φ, F 和 $\boldsymbol{f}$ 不明显依赖于 t，则由(4.39)和(4.47)可推出

$$H\Big|_{\boldsymbol{u}=\boldsymbol{u}^*}=0,\quad t_0\leqslant t\leqslant t_1. \tag{4.48}$$

(iv) 终值状态 $\boldsymbol{x}(t_1)$ 固定的情形.

这种情形下，(4.45)中只有 δt_1 是任意的，于是横截条件是(4.46)和(4.47)(或(4.48)).

注 如果上面关于 $\boldsymbol{x}(t_1)$ 的条件只是对于其某些分量成立，由于在(4.45)中 $\delta x_i(t_1)$ 是相互独立的，所以相应的条件仅对这些分量成立.

4.4 Pontryagin 原理

在以上的讨论中，对控制变量没有施加约束，而实际问题中，控制变量通常是带有约束的，典型情况是$|u_i(t)| \leqslant k_i$ 的形式. 这就意味着系统能够到达的最终状态是受到限制的. 在这一部分我们的目的是在控制变量受到约束的情况下推出对应于定理 4.3 的最优性必要条件.

一个控制叫做**允许控制**是指它满足给定的约束条件.

设$\boldsymbol{u}^* + \delta\boldsymbol{u}$是允许控制，当$\|\delta\boldsymbol{u}\|$充分小时，增量

$$\Delta J = J(\boldsymbol{u}^* + \delta\boldsymbol{u}) - J(\boldsymbol{u}^*)$$

的符号由(4.25) 中的变分δJ决定，这里J由(4.13) 给出. 因为$\delta\boldsymbol{u}$有限制，所以定理 4.2 不再成立，这时，根据保号性，使$\boldsymbol{u}^*$ 成为J的最小值点的必要条件是

$$\delta J(\boldsymbol{u}^*, \delta\boldsymbol{u}) \geqslant 0. \tag{4.49}$$

像 4.2 节中那样推导，引进 Lagrange 乘子以定义(4.26) 中的增广泛函J_a且选择适当的 Lagrange 乘子使(4.30) 和(4.31) 成立，仅有的不同是(4.32) 中δJ_a 的表达式换为

$$\delta J_a(\boldsymbol{u}, \delta\boldsymbol{u}) = \int_{t_0}^{t_1} (H(\boldsymbol{x}, \boldsymbol{u} + \delta\boldsymbol{u}, \boldsymbol{p}, t) - H(\boldsymbol{x}, \boldsymbol{u}, \boldsymbol{p}, t))\mathrm{d}t. \tag{4.50}$$

因此由(4.49) 知$\boldsymbol{u} = \boldsymbol{u}^*$ 是极小控制的必要条件是：对所有的允许控制$\delta\boldsymbol{u}$，(4.50) 中的$\delta J_a(\boldsymbol{u}^*, \delta\boldsymbol{u})$是非负的. 这反过来推出

$$H(\boldsymbol{x}^*, \boldsymbol{u}^* + \delta\boldsymbol{u}, \boldsymbol{p}^*, t) \geqslant H(\boldsymbol{x}^*, \boldsymbol{u}^*, \boldsymbol{p}^*, t) \tag{4.51}$$

对所有的允许控制$\delta\boldsymbol{u}$和所有的$t \in [t_0, t_1]$都成立. 不等式(4.51) 说明$\boldsymbol{u}^*$是H的极小点，于是我们建立了下面定理.

定理 4.5 (Pontryagin 最小值原理)　泛函(4.13) 在$\boldsymbol{u}^*$ 取得极小值的必要条件是(4.30)，(4.31) 和(4.51) 成立.

注 1　用稍微不同的H的定义方式，该定理就可变成关于H的极大值的形式，因此在有的文献中将这一原理称为最大值原理.

注 2　注意到$\boldsymbol{u}^*$ 被允许是一分段函数.

例 4.8　软着陆问题(例 4.2 续). 形式为(4.28) 的 Hamilton 函数为

$$H = |u| + k + p_1 x_2 + p_2 u, \tag{4.52}$$

因为控制的允许范围为$-1\leqslant u(t)\leqslant 1$，所以当取

$$u^*(t)=\begin{cases}-1, & p_2^*>1,\\ 0, & -1<p_2^*<1,\\ 1, & p_2^*<-1\end{cases}\tag{4.53}$$

时，H达到极小.

如果没有取零值的时间段，(4.53)给出的控制将只取-1和1两个值，一般叫做**bang-bang控制**.

形式如(4.30)的伴随方程可写成

$$\dot{p}_1^*=0,\quad \dot{p}_2^*=-p_1^*,$$

其解为

$$p_1^*(t)=c_1,\quad p_2^*(t)=-c_1t+c_2,\tag{4.54}$$

这里c_1,c_2是常数. 由于$p_2^*(t)$关于t是线性的，所以在区间$0\leqslant t\leqslant T$中$p_2^*(t)$取1和-1最多一次. 于是，$u^*(t)$的转换最多两次.

我们可以直接通过实际的操作考虑实际的最优控制. 飞行器从高度为h的空间落向地面时，先后施加的控制为(向上规定为正方向)

$$u^*=0,\quad \text{然后 } u^*=1$$

或

$$u^*=-1,\quad \text{然后 } u^*=0,\quad \text{然后 } u^*=1.\tag{4.55}$$

现考虑第一种情形，并假定在t_1时刻u^*由零转变为1. 由(4.53)知，当$p_2^*(t)$关于t单调下降时，这一控制序列是可能的. 这时易验证控制系统(4.9)满足初始条件(4.10)的解为

$$\begin{aligned}x_1^*&=\begin{cases}h-vt, & 0\leqslant t\leqslant t_1,\\ h-vt+\dfrac{1}{2}(t-t_1)^2, & t_1\leqslant t\leqslant T,\end{cases}\\ x_2^*&=\begin{cases}-v, & 0\leqslant t\leqslant t_1,\\ -v+(t-t_1), & t_1\leqslant t\leqslant T.\end{cases}\end{aligned}\tag{4.56}$$

将软着陆条件(4.11)代入(4.56)得

$$T=\frac{h}{v}+\frac{1}{2}v,\quad t_1=\frac{h}{v}-\frac{1}{2}v.\tag{4.57}$$

因为最终时刻t_1没有给定，同时考虑到H的形式(4.52)，所以等式(4.48)成立. 于是，特别地，在$t=0$时，$H\Big|_{u=u^*}=0$，即在(4.52)中令$t=0$，得

$$k + p_1^*(0)x_2^*(0) = 0,$$

故 $p_1^*(0) = \frac{k}{v}$. 因此，由(4.54)，我们有

$$p_1^*(t) = \frac{k}{v}, \quad t \geqslant 0.$$

利用假设 $p_2^*(t_1) = -1$，得

$$p_2^*(t) = -\frac{kt}{v} + \frac{kt_1}{v}. \tag{4.58}$$

因此，当 $t_1 > 0$ 且 $p_2^*(0) < 1$（由于 $u^* = 0$，故后一条件是必要的）时，所假定的最优控制是有效的. 利用(4.57) 和(4.58) 可以推出

$$h > \frac{1}{2}v^2, \quad k < \frac{2v^2}{h - \frac{1}{2}v^2}. \tag{4.59}$$

如果这个不等式不成立，则别的方式的控制如(4.55) 一样将成为最优控制. 例如，如果增大 k，则(4.59) 中的第二个不等式可能不再成立，这意味着在性能指标(4.12) 中更强调飞行器的着陆时间. 这种情况下，合理的期待是飞行器在依靠惯性按 $u^* = 0$ 的控制策略下落之前，首先应按 $u^* = -1$ 的控制策略加速下落，就像(4.55) 给出的那样. 一个比较有趣的事实是，假如(4.59) 成立，则(4.57) 中给出的着陆总时间 T 不依赖于 k.

例 4.9（基金的最优管理问题）　基金会得到一笔 60 万元的基金，现将这笔钱存入银行，年利率为10%. 该基金会计划运行80年，80年后要求只剩余 0.5 万元作为处理该基金的结束事宜. 根据基金会的需要，每年至少支取5万元到10万元作为某种奖励的奖金. 现在请为基金会制定最优管理策略，即每年支取多少钱才能使基金会在 80 年中从银行取出的总金额最大.

解　用 $x(t)$ 表示第 t 年存入银行的总钱数，$u(t)$ 表示第 t 年支取的总钱数，则该问题的状态方程为

$$\frac{\mathrm{d}x}{\mathrm{d}t} = rx(t) - u(t), \quad r = 0.1,$$

初值和终值分别为

$$x(0) = 60, \quad x(80) = 0.5,$$

控制 $u(t)$ 满足约束条件

$$5 \leqslant u(t) \leqslant 10,$$

目标泛函即性能指标为

$$J(u)=\int_0^{80}u(t)\mathrm{d}t.$$

于是，基金会的最优管理问题就是求满足约束条件的 $u(t)$ 使 $J(u)$ 取最大值. 我们用Pontryagin原理求解这个问题. 由于本问题是要求 $J(u)$ 取最大值，所以由定理 4.5 的推导过程知，公式(4.51) 中的不等号应当变成小于等于号.

Hamilton 函数为

$$H(x,p,u)=u+p(rx-u)=rpx+(1-p)u,$$

于是根据 Pontryagin 原理，最优控制 $u^*(t)$ 应使 Hamilton 函数达到最大值，因此

$$u^*(t)=\begin{cases}5, & 1-p<0,\\ 10, & 1-p>0,\end{cases}$$

状态方程和伴随方程分别为

$$\frac{\mathrm{d}x}{\mathrm{d}t}=rx(t)-u(t),\quad x(0)=60,\quad x(80)=0.5,$$

$$\frac{\mathrm{d}p}{\mathrm{d}t}=-\frac{\partial H}{\partial x}=-rp,$$

于是

$$p(t)=p(0)\mathrm{e}^{-rt}.$$

如果 $p(0)<1$，则

$$1-p(t)=1-p(0)\mathrm{e}^{-rt}>0,$$

由 $u^*(t)$ 的表达式可知

$$u^*(t)\equiv 10,\quad 0\leqslant t\leqslant 80,$$

这与实际不符，因此 $p(0)>1$. 于是当 $t\in[0,80]$ 时，函数 $p(t)$ 将由大于 1 单调下降到小于 1. 设 $p(\tau)=1$，则最优策略为

$$u^*(t)=\begin{cases}5, & 0\leqslant t<\tau,\\ 10, & \tau\leqslant t\leqslant 80.\end{cases}$$

于是由状态方程可得

$$x^*(t)=c\mathrm{e}^{rt}+\frac{10}{r}=c\mathrm{e}^{0.1t}+100,\quad \tau\leqslant t\leqslant 80,$$

由边界条件 $x(80)=0.5$，得

$$c=\mathrm{e}^{-8}(0.5-100)=-99.5\mathrm{e}^{-8},$$

因此

$$x^*(t) = c\mathrm{e}^{rt} + \frac{10}{r} = c\mathrm{e}^{0.1t} + 100$$
$$= -99.5\mathrm{e}^{-8+0.1t} + 100, \quad \tau \leqslant t \leqslant 80.$$

由状态方程和边界条件 $x(0) = 60$，得

$$x^*(t) = 10\mathrm{e}^{0.1t} + 50, \quad 0 \leqslant t < \tau,$$

于是

$$x^*(t) = \begin{cases} 10\mathrm{e}^{0.1t} + 50, & 0 \leqslant t < \tau, \\ -99.5\mathrm{e}^{-8+0.1t} + 100, & \tau \leqslant t \leqslant 80. \end{cases}$$

由连续性，得 τ 应满足

$$10\mathrm{e}^{0.1t} + 50 = -99.5\mathrm{e}^{-8+0.1t} + 100,$$

解得

$$\tau = 10\ln\frac{50}{10 + 99.5\mathrm{e}^{-8}} \approx 16.06.$$

因此，最优策略为

$$u^*(t) = \begin{cases} 5, & 0 \leqslant t < 16.06, \\ 10, & 16.06 \leqslant t \leqslant 80, \end{cases}$$

即最优管理策略为：前 16 年每年支取 5 万元，16 年以后每年支取 10 万元，共支取 720 万元.

4.5　时间最优控制

时间最优控制，也叫做快速控制，是运动控制的重要方面. 其提法是：系统在给定约束的最短时间内，由状态空间的任一给定点转移到某个特定点. 可通过 Pontryagin 原理具体求解.

例 4.10　讨论一般形式线性调节器问题

$$\frac{\mathrm{d}\boldsymbol{x}}{\mathrm{d}t} = \boldsymbol{Ax} + \boldsymbol{Bu}, \tag{4.60}$$

这里 $\boldsymbol{x}(t)$ 是常数状态的偏差. 目标是将系统从某初始状态转移到原点且所用的时间最短，即性能指标为(4.3)：

$$J = \int_0^{t_1} \mathrm{d}t,$$

并且假设控制满足约束条件 $|u_i(t)| \leqslant k_i$，$i = 1, 2, \cdots, m$.

解　由(4.28)，Hamilton 函数是

$$
\begin{aligned}
H &= 1 + \boldsymbol{p}^{\mathrm{T}}(\boldsymbol{Ax} + \boldsymbol{Bu}) \\
&= 1 + \boldsymbol{p}^{\mathrm{T}}\boldsymbol{Ax} + (\boldsymbol{p}^{\mathrm{T}}\boldsymbol{b}_1, \boldsymbol{p}^{\mathrm{T}}\boldsymbol{b}_2, \cdots, \boldsymbol{p}^{\mathrm{T}}\boldsymbol{b}_m)\boldsymbol{u} \\
&= 1 + \boldsymbol{p}^{\mathrm{T}}\boldsymbol{Ax} + \sum_{i=1}^{m}(\boldsymbol{p}^{\mathrm{T}}\boldsymbol{b}_i)u_i,
\end{aligned} \tag{4.61}
$$

这里 $\boldsymbol{b}_i$ 是 $\boldsymbol{B}$ 的列向量. 由定理 4.3，最优控制满足必要条件

$$
u_i^* = -k_i \operatorname{sgn}(s_i(t)), \quad i = 1, 2, \cdots, m, \tag{4.62}
$$

这里

$$
s_i(t) = (\boldsymbol{p}^*(t))^{\mathrm{T}}\boldsymbol{b}_i. \tag{4.63}
$$

由(4.30)，伴随方程是

$$
\frac{\mathrm{d}p_i^*}{\mathrm{d}t} = -\frac{\partial}{\partial x_i}[(\boldsymbol{p}^*)^{\mathrm{T}}\boldsymbol{Ax}]
$$

或

$$
\frac{\mathrm{d}\boldsymbol{p}^*}{\mathrm{d}t} = -\boldsymbol{A}^{\mathrm{T}}\boldsymbol{p}^*. \tag{4.64}
$$

(4.64) 的解为

$$
\boldsymbol{p}^*(t) = \exp(-\boldsymbol{A}^{\mathrm{T}}t)\boldsymbol{p}(0),
$$

于是(4.63) 变为

$$
s_i(t) = \boldsymbol{p}^{\mathrm{T}}(0)\exp(-\boldsymbol{A}t)\boldsymbol{b}_i.
$$

注意到如果在某时间区间内 $s_i(t) \equiv 0$，则由(4.62) 知在该时间区间内 u_i^* 是不确定的. 因此，我们现在研究表达式(4.63) 是否能够等于零. 首先，我们假定 $b_i \neq 0$. 其次，由于终值时刻 t_1 是自由的，条件(4.48) 成立. 对应于(4.61)，对所有的 $t \in [0, t_1]$，有

$$
1 + (\boldsymbol{p}^*(t))^{\mathrm{T}}(\boldsymbol{Ax}^* + \boldsymbol{Bu}^*) = 0,
$$

显然对任何 t 的值，$\boldsymbol{p}^*(t)$ 都不为零. 最后，如果(4.63) 中的乘积 $(\boldsymbol{p}^*(t))^{\mathrm{T}}\boldsymbol{b}_i$ 是零，则 $s_i = 0$，这和(4.64) 结合推出

$$
\frac{\mathrm{d}s_i}{\mathrm{d}t} = -(\boldsymbol{p}^*(t))^{\mathrm{T}}\boldsymbol{Ab}_i = 0,
$$

且类似地可推出 s_i 的高阶导数的结论. 这就导出

$$
(\boldsymbol{p}^*(t))^{\mathrm{T}}(\boldsymbol{b}_i, \boldsymbol{Ab}_i, \boldsymbol{A}^2\boldsymbol{b}_i, \cdots, \boldsymbol{A}^{n-1}\boldsymbol{b}_i) = 0. \tag{4.65}
$$

如果仅通过第 i 个输入(即 $u_j \equiv 0$, $j \neq i$) 的作用，系统(4.60) 是完全能控的，则由定理 3.1 知(4.65) 中的矩阵 $(\boldsymbol{b}_i, \boldsymbol{Ab}_i, \boldsymbol{A}^2\boldsymbol{b}_i, \cdots, \boldsymbol{A}^{n-1}\boldsymbol{b}_i)$ 是非奇异的，于是方程(4.65) 只有平凡解 $\boldsymbol{p}^*(t) = \boldsymbol{0}$. 然而我们已排除了这种可能，因此 s_i 不能为零. 这说明如果有完全能控的条件，则没有时间区间存在，

使在其上 u_i^* 是不确定的.

这种最优控制或取最大值或取最小值的控制规律称为 **bang-bang 控制或开关控制**. 因此(4.62) 中对第 i 个变量而言最优控制是 bang-bang 形式

$$u_i^* = \pm k_i.$$

例 4.11　已知系统的状态方程为

$$\begin{cases} \dfrac{\mathrm{d}x_1}{\mathrm{d}t} = x_2, & x_1(0) = 1, \\ \dfrac{\mathrm{d}x_2}{\mathrm{d}t} = u, & x_2(0) = 1, \end{cases}$$

求满足约束条件 $|u| \leqslant 1$ 的控制 $u(t)$，将系统的初始状态转移到 $(x_1(t_f), x_2(t_f)) = (0,0)$，使所用时间最短.

解　最短时间问题的目标函数为

$$J(u) = \int_0^{t_f} \mathrm{d}t = t_f,$$

Hamilton 函数为

$$H = 1 + p_1 x_2 + p_2 u.$$

由 Pontryagin 原理,

$$u^*(t) = \begin{cases} -1, & p_2 > 0, \\ 1, & p_2 < 0, \\ \text{不确定}, & p_2 = 0 \end{cases}$$

或

$$u^*(t) = -\operatorname{sgn}(p_2(t)).$$

伴随方程组为

$$\begin{cases} \dfrac{\mathrm{d}p_1}{\mathrm{d}t} = 0, \\ \dfrac{\mathrm{d}p_2}{\mathrm{d}t} = -p_1 u, \end{cases}$$

它的通解为 $p_1 = A$, $p_2 = -At + B$, 因此 u^* 最多有一次切换.

当 $u^* = -1$ 时, 状态方程

$$\begin{cases} \dfrac{\mathrm{d}x_1}{\mathrm{d}t} = x_2, & x_1(0) = 1, \\ \dfrac{\mathrm{d}x_2}{\mathrm{d}t} = -1, & x_2(0) = 1 \end{cases}$$

的解为

$$l_1:\begin{cases}x_1 = 1+t-\dfrac{1}{2}t^2,\\ x_2 = 1-t.\end{cases}$$

当 $u^* = 1$ 时，状态方程

$$\begin{cases}\dfrac{\mathrm{d}x_1}{\mathrm{d}t} = x_2, \quad x_1(0) = 1,\\ \dfrac{\mathrm{d}x_2}{\mathrm{d}t} = 1, \quad x_2(0) = 1\end{cases}$$

的解为

$$l_2:\begin{cases}x_1 = 1+t+\dfrac{1}{2}t^2,\\ x_2 = 1+t.\end{cases}$$

显然，从 l_2 可看出，当 t 增大时，状态点 (x_1, x_2) 将远离 $(1,1)$ 点，也远离 $(1,1)$ 点. 因此最优控制开始应取 $u^* =-1$，这时最优轨线是 l_1. 而 l_1 不能到达原点，因为方程组

$$\begin{cases}1+t-\dfrac{1}{2}t^2 = 0,\\ 1-t = 0\end{cases}$$

无解. 因此必须在某时刻 t_s 切换一次才能达到原点. 解终值问题

$$\begin{cases}\dfrac{\mathrm{d}x_1}{\mathrm{d}t} = x_2, \quad x_1(t_f) = 0,\\ \dfrac{\mathrm{d}x_2}{\mathrm{d}t} = 1, \quad x_2(t_f) = 0,\end{cases}$$

得到解

$$l_3:\begin{cases}x_1 = \dfrac{1}{2}t^2 - t_f t + \dfrac{1}{2}{t_f}^2,\\ x_2 = t - t_f.\end{cases}$$

为求 l_2 和 l_3 的交点，解方程组

$$\begin{cases}\dfrac{1}{2}t^2 - t_f t + \dfrac{1}{2}{t_f}^2 =-\dfrac{1}{2}t^2 + t + 1,\\ t - t_f =-t+1,\end{cases}$$

得到 $t_s \approx 2.225$，$t_f \approx 3.45$. 因此，所求最优控制为

$$u^*(t) = \begin{cases}-1, & 0 \leqslant t < 2.225,\\ 1, & 2.225 \leqslant t \leqslant 3.45.\end{cases}$$

这是一个开关控制策略，在 u^* 作用下，在时刻 $t_f = 3.45$ 到达原点.

4.6 线性二次最优控制

由于线性二次最优控制数学处理上比较简单，甚至能得到用解析形式表达的线性反馈控制，因而是应用最广泛的一类最优控制问题.

考虑时变系统

$$\frac{\mathrm{d}\boldsymbol{x}}{\mathrm{d}t}=\boldsymbol{A}(t)\boldsymbol{x}(t)+\boldsymbol{B}(t)\boldsymbol{u}(t), \tag{4.66}$$

取(4.4)和(4.8)相结合的性能指标

$$\frac{1}{2}\boldsymbol{x}^{\mathrm{T}}(t_1)\boldsymbol{M}\boldsymbol{x}(t_1)+\frac{1}{2}\int_0^{t_1}(\boldsymbol{x}^{\mathrm{T}}\boldsymbol{Q}(t)\boldsymbol{x}+\boldsymbol{u}^{\mathrm{T}}\boldsymbol{R}(t)\boldsymbol{u})\mathrm{d}t, \tag{4.67}$$

对 $t\geqslant 0$，矩阵 $\boldsymbol{R}(t)$ 是实对称正定的，$\boldsymbol{M}$ 和 $\boldsymbol{Q}(t)$ 是实对称半正定的(因子 $\frac{1}{2}$ 只是为了方便才加进去的). (4.67)中关于 $\boldsymbol{u}(t)$ 的二次项已经确保了控制的强度是受到约束的，因此可假设控制变量本身是不受约束的.

形如(4.28)的 Hamilton 函数是

$$H=\frac{1}{2}\boldsymbol{x}^{\mathrm{T}}\boldsymbol{Q}\boldsymbol{x}+\frac{1}{2}\boldsymbol{u}^{\mathrm{T}}\boldsymbol{R}\boldsymbol{u}+\boldsymbol{p}^{\mathrm{T}}(\boldsymbol{A}\boldsymbol{x}+\boldsymbol{B}\boldsymbol{u}).$$

由(4.33)，最优控制满足的必要条件是

$$\frac{\partial}{\partial\boldsymbol{u}}\left[\frac{1}{2}(\boldsymbol{u}^*)^{\mathrm{T}}\boldsymbol{R}\boldsymbol{u}^*+(\boldsymbol{p}^*)^{\mathrm{T}}\boldsymbol{B}\boldsymbol{u}^*\right]=\boldsymbol{R}\boldsymbol{u}^*+\boldsymbol{B}^{\mathrm{T}}\boldsymbol{p}^*=\boldsymbol{0},$$

于是

$$\boldsymbol{u}^*=-\boldsymbol{R}^{-1}\boldsymbol{B}^{\mathrm{T}}\boldsymbol{p}^*. \tag{4.68}$$

矩阵 $\boldsymbol{R}(t)$ 是正定的，因此是非奇异的. 由(4.30)，伴随方程是

$$\frac{\mathrm{d}\boldsymbol{p}^*}{\mathrm{d}t}=-\boldsymbol{Q}\boldsymbol{x}^*-\boldsymbol{A}^{\mathrm{T}}\boldsymbol{p}^*. \tag{4.69}$$

将(4.68)代入(4.66)，得

$$\frac{\mathrm{d}\boldsymbol{x}^*}{\mathrm{d}t}=\boldsymbol{A}\boldsymbol{x}^*-\boldsymbol{B}\boldsymbol{R}^{-1}\boldsymbol{B}^{\mathrm{T}}\boldsymbol{p}^*.$$

这一方程和(4.69)结合，得到由 $2n$ 个方程组成的线性方程组

$$\frac{\mathrm{d}}{\mathrm{d}t}\begin{bmatrix}\boldsymbol{x}^*(t)\\ \boldsymbol{p}^*(t)\end{bmatrix}=\begin{bmatrix}\boldsymbol{A}(t) & -\boldsymbol{B}(t)\boldsymbol{R}^{-1}(t)\boldsymbol{B}^{\mathrm{T}}(t)\\ -\boldsymbol{Q}(t) & -\boldsymbol{A}^{\mathrm{T}}(t)\end{bmatrix}\begin{bmatrix}\boldsymbol{x}^*(t)\\ \boldsymbol{p}^*(t)\end{bmatrix}. \tag{4.70}$$

由于终值状态 $\boldsymbol{x}(t_1)$ 没有给定，这对应于前面终值时刻给定但终值状态自

由的情形. 在横截条件(4.31)中，取 $\varphi=\frac{1}{2}\boldsymbol{x}^{\mathrm{T}}\boldsymbol{M}\boldsymbol{x}$，得

$$\boldsymbol{p}^*(t_1)=\boldsymbol{M}\boldsymbol{x}^*(t_1). \tag{4.71}$$

设 $\boldsymbol{\Phi}$ 是方程组(4.70)的状态转移矩阵，考虑到在 t_1 时刻的条件，(4.70)的解为

$$\begin{pmatrix}\boldsymbol{x}^*(t)\\ \boldsymbol{p}^*(t)\end{pmatrix}=\boldsymbol{\Phi}(t,t_1)\begin{pmatrix}\boldsymbol{x}^*(t_1)\\ \boldsymbol{p}^*(t_1)\end{pmatrix}=\begin{pmatrix}\boldsymbol{\Phi}_1 & \boldsymbol{\Phi}_2\\ \boldsymbol{\Phi}_3 & \boldsymbol{\Phi}_4\end{pmatrix}\begin{pmatrix}\boldsymbol{x}^*(t_1)\\ \boldsymbol{p}^*(t_1)\end{pmatrix}. \tag{4.72}$$

因此

$$\begin{aligned}\boldsymbol{x}^*(t)&=\boldsymbol{\Phi}_1\boldsymbol{x}^*(t_1)+\boldsymbol{\Phi}_2\boldsymbol{p}^*(t_1)\\&=(\boldsymbol{\Phi}_1+\boldsymbol{\Phi}_2\boldsymbol{M})\boldsymbol{x}^*(t_1),\end{aligned} \tag{4.73}$$

这里用了(4.71). 由(4.71)和(4.72)还可得出

$$\begin{aligned}\boldsymbol{p}^*(t)&=(\boldsymbol{\Phi}_3+\boldsymbol{\Phi}_4\boldsymbol{M})\boldsymbol{x}^*(t_1)\\&=(\boldsymbol{\Phi}_3+\boldsymbol{\Phi}_4\boldsymbol{M})(\boldsymbol{\Phi}_1+\boldsymbol{\Phi}_2\boldsymbol{M})^{-1}\boldsymbol{x}^*(t)\\&=\boldsymbol{P}(t)\boldsymbol{x}^*(t),\end{aligned} \tag{4.74}$$

这里用了(4.73)(可以证明对所有 $t\geqslant 0$，$\boldsymbol{\Phi}_1+\boldsymbol{\Phi}_2\boldsymbol{M}$ 是非奇异的). 由(4.68)和(4.74)知，线性反馈形式的最优控制是

$$\boldsymbol{u}^*(t)=-\boldsymbol{R}^{-1}(t)\boldsymbol{B}^{\mathrm{T}}(t)\boldsymbol{P}(t)\boldsymbol{x}^*(t). \tag{4.75}$$

为了确定矩阵 $\boldsymbol{P}(t)$，对(4.74)求导得

$$\frac{\mathrm{d}\boldsymbol{P}}{\mathrm{d}t}\boldsymbol{x}^*+\boldsymbol{P}\frac{\mathrm{d}\boldsymbol{x}^*}{\mathrm{d}t}-\frac{\mathrm{d}\boldsymbol{p}^*}{\mathrm{d}t}=\boldsymbol{0}.$$

由(4.70)得出 $\frac{\mathrm{d}\boldsymbol{x}^*}{\mathrm{d}t},\frac{\mathrm{d}\boldsymbol{p}^*}{\mathrm{d}t}$，和(4.74)一起代入上式，得

$$\left(\frac{\mathrm{d}\boldsymbol{P}}{\mathrm{d}t}+\boldsymbol{P}\boldsymbol{A}-\boldsymbol{P}\boldsymbol{B}\boldsymbol{R}^{-1}\boldsymbol{B}^{\mathrm{T}}\boldsymbol{P}+\boldsymbol{Q}+\boldsymbol{A}^{\mathrm{T}}\boldsymbol{P}\right)\boldsymbol{x}^*(t)=\boldsymbol{0}.$$

由于上式在整个 $0\leqslant t\leqslant t_1$ 上成立，所以 $\boldsymbol{P}(t)$ 满足

$$\frac{\mathrm{d}\boldsymbol{P}}{\mathrm{d}t}=\boldsymbol{P}\boldsymbol{B}\boldsymbol{R}^{-1}\boldsymbol{B}^{\mathrm{T}}\boldsymbol{P}-\boldsymbol{A}^{\mathrm{T}}\boldsymbol{P}-\boldsymbol{P}\boldsymbol{A}-\boldsymbol{Q}. \tag{4.76}$$

由(4.71)和(4.74)得

$$\boldsymbol{P}(t_1)=\boldsymbol{M}. \tag{4.77}$$

方程(4.76)通常叫做**矩阵 Riccati 微分方程**，(4.77)是初始条件. 由于(4.77)中的 $\boldsymbol{M}$ 是对称的，所以对所有的 t，矩阵 $\boldsymbol{P}(t)$ 是对称的，(4.76)表示 $\frac{1}{2}n(n+1)$ 个一阶微分方程，它们可用数值方法求解.

例 4.12 考虑二次型问题

$$\begin{cases}\dot{x}_1 = x_2,\\ \dot{x}_2 = u,\end{cases}$$

性能指标为

$$J(u) = \frac{1}{2}(x_1{}^2(3) + 2x_2{}^2(3)) + \frac{1}{2}\int_0^3 \left(2x_1{}^2 + 4x_2{}^2 + 2x_1 x_2 + \frac{1}{2}u^2\right)\mathrm{d}t,$$

试求最优控制.

解 对于该问题，各系数矩阵为

$$\boldsymbol{A} = \begin{pmatrix}0 & 1\\ 0 & 0\end{pmatrix},\quad \boldsymbol{B} = \begin{pmatrix}0\\ 1\end{pmatrix},$$

$$\boldsymbol{Q} = \begin{pmatrix}2 & 1\\ 1 & 4\end{pmatrix},\quad \boldsymbol{R} = \left(\frac{1}{2}\right),\quad \boldsymbol{M} = \begin{pmatrix}1 & 0\\ 0 & 2\end{pmatrix}.$$

若记 $\boldsymbol{P}(t) = \begin{pmatrix}p_{11}(t) & p_{12}(t)\\ p_{21}(t) & p_{22}(t)\end{pmatrix}$，则由(4.75)知，最优控制为

$$\begin{aligned} u^* &= -2(0,1)\begin{pmatrix}p_{11}(t) & p_{12}(t)\\ p_{21}(t) & p_{22}(t)\end{pmatrix}\begin{pmatrix}x_1(t)\\ x_2(t)\end{pmatrix}\\ &= -2(p_{21}(t)x_1(t) + p_{22}(t)x_2(t)),\end{aligned}$$

其中 $p_{21}(t), p_{22}(t)$ 是如下矩阵 Riccati 微分方程终值问题的解：

$$\begin{aligned}\begin{pmatrix}\dot{p}_{11} & \dot{p}_{12}\\ \dot{p}_{21} & \dot{p}_{22}\end{pmatrix} &= \begin{pmatrix}p_{11} & p_{12}\\ p_{21} & p_{22}\end{pmatrix}\begin{pmatrix}0\\ 1\end{pmatrix}2(0,1)\begin{pmatrix}p_{11} & p_{12}\\ p_{21} & p_{22}\end{pmatrix}\\ &\quad - \begin{pmatrix}p_{11} & p_{12}\\ p_{21} & p_{22}\end{pmatrix}\begin{pmatrix}0 & 1\\ 0 & 0\end{pmatrix} - \begin{pmatrix}0 & 0\\ 1 & 0\end{pmatrix}\begin{pmatrix}p_{11} & p_{12}\\ p_{21} & p_{22}\end{pmatrix}\\ &\quad - \begin{pmatrix}2 & 1\\ 1 & 4\end{pmatrix}\boldsymbol{P}(3) = \boldsymbol{M}.\end{aligned}$$

这个矩阵 Riccati 微分方程终值问题等价于

$$\begin{cases}\dot{p}_{11} = 2p_{12}^2(t) - 2,\\ \dot{p}_{12} = -p_{11}(t) + 2p_{12}(t)p_{22}(t) - 1,\\ \dot{p}_{22} = -2p_{12}(t) + 2p_{22}{}^2(t) - 4,\\ p_{11}(3) = 1,\quad p_{12}(3) = 0,\quad p_{22}(3) = 2,\end{cases}$$

这是一个非线性微分方程组，其终值问题一般需要用数值方法求解.

以上我们根据最优控制必须满足的必要条件推出了线性二次问题的解应为(4.75). 下面的定理表明，(4.75) 给出的 $\boldsymbol{u}^*$ 必是线性二次最优控制问题(4.66)，(4.67) 的解.

定理 4.6 $\boldsymbol{u}(t)=-\boldsymbol{R}^{-1}(t)\boldsymbol{B}^{\mathrm{T}}(t)\boldsymbol{P}(t)\boldsymbol{x}(t)$ 必使 $J(\boldsymbol{u})$ 达到最小值，并且 $J(\boldsymbol{u})$ 的最小值为

$$J^*(\boldsymbol{u}(t))=\frac{1}{2}\boldsymbol{x}^{\mathrm{T}}(0)\boldsymbol{P}(0)\boldsymbol{x}(0).$$

证 由于

$$\frac{\mathrm{d}}{\mathrm{d}t}(\boldsymbol{x}^{\mathrm{T}}(t)\boldsymbol{P}(t)\boldsymbol{x}(t))=\dot{\boldsymbol{x}}^{\mathrm{T}}\boldsymbol{P}(t)\boldsymbol{x}(t)+\boldsymbol{x}^{\mathrm{T}}(t)\dot{\boldsymbol{P}}(t)\boldsymbol{x}(t)+\boldsymbol{x}^{\mathrm{T}}(t)\boldsymbol{P}(t)\dot{\boldsymbol{x}}(t),$$

根据 Riccati 微分方程和状态方程，上式化为

$$\begin{aligned}\frac{\mathrm{d}}{\mathrm{d}t}(\boldsymbol{x}^{\mathrm{T}}(t)\boldsymbol{P}(t)\boldsymbol{x}(t))=&-\boldsymbol{x}^{\mathrm{T}}(t)\boldsymbol{Q}(t)\boldsymbol{x}(t)-\boldsymbol{u}^{\mathrm{T}}(t)\boldsymbol{R}(t)\boldsymbol{u}(t)\\&+(\boldsymbol{u}(t)+\boldsymbol{R}^{-1}(t)\boldsymbol{B}^{\mathrm{T}}(t)\boldsymbol{P}(t)\boldsymbol{x}(t))^{\mathrm{T}}\boldsymbol{R}(t)\\&\cdot(\boldsymbol{u}(t)+\boldsymbol{R}^{-1}(t)\boldsymbol{B}^{\mathrm{T}}(t)\boldsymbol{P}(t)\boldsymbol{x}(t)).\end{aligned}$$

由 0 到 t_1 积分上式，得

$$\begin{aligned}&\boldsymbol{x}^{\mathrm{T}}(t_1)\boldsymbol{P}(t_1)\boldsymbol{x}(t_1)-\boldsymbol{x}^{\mathrm{T}}(t_0)\boldsymbol{P}(t_0)\boldsymbol{x}(t_0)\\&=-\int_0^{t_1}(\boldsymbol{x}^{\mathrm{T}}(t)\boldsymbol{Q}(t)\boldsymbol{x}(t)+\boldsymbol{u}^{\mathrm{T}}(t)\boldsymbol{R}(t)\boldsymbol{u}(t))\mathrm{d}t\\&\quad+\int_0^{t_1}(\boldsymbol{u}(t)+\boldsymbol{R}^{-1}(t)\boldsymbol{B}^{\mathrm{T}}(t)\boldsymbol{P}(t)\boldsymbol{x}(t))^{\mathrm{T}}\boldsymbol{R}(t)\\&\quad\cdot(\boldsymbol{u}(t)+\boldsymbol{R}^{-1}(t)\boldsymbol{B}^{\mathrm{T}}(t)\boldsymbol{P}(t)\boldsymbol{x}(t))\mathrm{d}t.\end{aligned}$$

由于 $\boldsymbol{P}(t_1)=\boldsymbol{M}$，上式化为

$$\begin{aligned}2J(\boldsymbol{u})=&\boldsymbol{x}^{\mathrm{T}}(0)\boldsymbol{P}(0)\boldsymbol{x}(0)\\&+\int_0^{t_1}(\boldsymbol{u}(t)+\boldsymbol{R}^{-1}(t)\boldsymbol{B}^{\mathrm{T}}(t)\boldsymbol{P}(t)\boldsymbol{x}(t))^{\mathrm{T}}\boldsymbol{R}(t)\\&\cdot(\boldsymbol{u}(t)+\boldsymbol{R}^{-1}(t)\boldsymbol{B}^{\mathrm{T}}(t)\boldsymbol{P}(t)\boldsymbol{x}(t))\mathrm{d}t.\end{aligned}$$

由于 $\boldsymbol{R}(t)$ 是正定矩阵，因此仅当 $\boldsymbol{u}(t)+\boldsymbol{R}^{-1}(t)\boldsymbol{B}^{\mathrm{T}}(t)\boldsymbol{P}(t)\boldsymbol{x}(t)=\boldsymbol{0}$ 时，$J(\boldsymbol{u})$ 最小，即

$$\boldsymbol{u}(t)=-\boldsymbol{R}^{-1}(t)\boldsymbol{B}^{\mathrm{T}}(t)\boldsymbol{P}(t)\boldsymbol{x}(t)$$

使 $J(\boldsymbol{u})$ 取得最小值 $J^*(\boldsymbol{u}(t))=\frac{1}{2}\boldsymbol{x}^{\mathrm{T}}(0)\boldsymbol{P}(0)\boldsymbol{x}(0)$. □

习　题　四

4.1　设有一阶系统

$$\dot{x}=-x+u,\quad x(0)=3.$$

试确定最优控制函数 $u(t)$，在 $t=2$ 时，将系统控制到零状态，并使泛函

$$J=\int_0^2(1+u^2)\mathrm{d}t$$

取最小值.

4.2　一质点沿曲线 $y=f(x)$ 从点(0,8)运动到(4, 0)，设质点运动的速度为 x，问曲线取什么形状，质点运动的时间最短?

4.3　给定二阶系统

$$\dot{\boldsymbol{x}}=\begin{pmatrix}0&1\\0&0\end{pmatrix}\boldsymbol{x}+\begin{pmatrix}0\\1\end{pmatrix}u,\quad \boldsymbol{x}(0)=\begin{pmatrix}2\\1\end{pmatrix}.$$

试求控制函数 $u(t)$，在 $t=2$ 时，将系统控制到零状态，并使泛函

$$J=\frac{1}{2}\int_0^2u^2\mathrm{d}t$$

取最小值.

4.4　在上题中，若令

$$J=\frac{1}{2}\int_0^Tu^2\mathrm{d}t,$$

在 $t=T$ 时，将系统控制到零状态，其结果如何? 若 T 是可变的，是否有解?

4.5　设有一阶系统

$$\dot{x}=-x+u,\quad x(0)=2,$$

其中 $|u(t)|\leqslant 1$. 试确定 $u(t)$ 使

$$J=\int_0^1(2x-u)\mathrm{d}t$$

取最小值.

4.6　设有二阶系统

$$\begin{cases}\dot{x}_1=x_2+\dfrac{1}{4},\quad x_1(0)=-\dfrac{1}{4},\\[2mm]\dot{x}_2=u,\quad x_2(0)=-\dfrac{1}{4},\end{cases}$$

其中 $|u(t)|\leqslant\frac{1}{2}$. 试求 $u(t)$，在 $t=T$ 时，将系统控制到零状态，并使

$$J=\int_0^T u^2\,\mathrm{d}t$$

取最小值，其中 T 是不固定的.

4.7 设有一阶系统

$$\dot{x}=-2x+u,\quad x(t_0)=1.$$

试确定 $u(x,t)$，使

$$J=\frac{1}{2}x^2(T)+\frac{1}{2}\int_{t_0}^T u^2\,\mathrm{d}t$$

取极小值.

4.8 设一阶系统 $\dot{x}=u$，$x(0)=x_0$，$J=\frac{1}{2}\int_0^T(x^2+u^2)\mathrm{d}t$，试求 $u(x,t)$，使 J 取极小值.

4.9 设一阶系统为

$$\dot{x}=-\frac{1}{2}x+u,\quad x(0)=2,$$

性能指标为

$$J=5x^2(1)+\frac{1}{2}\int_0^1(2x^2+u^2)\mathrm{d}t,$$

试确定使 J 取极小值的 $u(x,t)$ 和最优轨线.

4.10 设某质点的运动方程为

$$\frac{\mathrm{d}^3z}{\mathrm{d}t^3}=u(t),$$

这里 $z(t)$ 表示位移. 假设初始时刻的位移、速度和加速度都给定，控制 $u(t)$ 满足约束条件 $|u(t)|\leqslant k$. 试选择 $u(t)$，在尽可能短的时间内使位移、速度和加速度都等于零，利用 Pontryagin 原理证明最优控制的形式为 $u^*=\pm k$，且在 $+k$ 和 $-k$ 之间转换的次数为 0,1 或 2.

4.11 某线性系统由

$$\ddot{z}(t)+a\dot{z}(t)+bz(t)=u(t)$$

描述，其中 $a>0$ 且 $a^2<4b$，控制变量满足约束条件 $|u(t)|\leqslant k$. 试选择 $u(t)$，在尽可能短的时间内使 $z(T)=0$，$\dot{z}(T)=0$，并证明最优控制为

$$u^*=k\,\mathrm{sgn}\,p(t),$$

其中 $p(t)$ 是 t 的周期函数.

4.12 给定线性系统

$$\dot{x}_1=-x_1+u,$$

目标泛函为

$$\frac{1}{2}\int_0^1 (3{x_1}^2 + u^2)\mathrm{d}t.$$

(1) 试利用 Riccati 方程求使目标泛函达到最小的反馈控制.（提示：在 Riccati 方程中设 $P(t) = -\dfrac{\dot{w}(t)}{w(t)}$.）

(2) 如果系统把任意的初始状态转移到原点，且目标泛函不变，试利用变分方法求最优控制.

参考文献

[1] Barnett S, Cameron R G. Introduction to Mathematical Control Theory. Oxford: Clarendon Press, 1985.

[2] Leigh J R. Functional Analysis and Linear Control Theory. New York: Academic Press, 1980.

[3] Knowles G. An Introduction to Applied Optimal Control. New York: Academic Press, 1981.

[4] Leitmann G. The Calculus of Variations and Optimal Control An Introduction. New York: Plenum Press, 1981.

[5] Hermes H, Lasalle J P. Functional Analysis and Time Optimal Control. New York: Academic Press, 1969.

[6] 李训经，雍炯敏，周渊. 控制理论基础. 北京：高等教育出版社，2002.

[7] 孙亮，于建均，龚道雄. 线性系统理论. 北京：北京工业大学出版社，2006.

[8] 王翼. 现代控制理论. 北京：机械工业出版社，2005.

[9] 程兆林，马树平. 线性系统理论. 北京：科学出版社，2006.

[10] 张嗣瀛，高立群. 现代控制理论. 北京：清华大学出版社，2006.

[11] 段广仁. 线性系统理论. 第2版. 哈尔滨：哈尔滨工业大学出版社，2004.

[12] 董景新，吴秋平. 现代控制理论与方法概论. 北京：清华大学出版社，2007.

[13] 赵明旺，王杰，江卫华. 现代控制理论. 武汉：华中科技大学出版社，2007.

[14] 吕显瑞，黄庆道. 最优控制理论基础. 北京：科学出版社，2008.